传统民居建筑线描写生

欧　涛 主　编

王玮璐 黄　治 沈　竹 副主编

内 容 简 介

线描写生是最基本的造型艺术训练方法之一。作为一种富有魅力的艺术表现形式，它借助线条的起伏变化深入细致地描绘生活和自然景象；作为设计学专业的基础课程，传统民居线描写生教学主要培养学生掌握线描写生的构图法则、景物的透视关系以及线条的变化规律的能力，同时锻炼学生的造型能力。本书通过大量优秀线描作品呈现，结合写生示范与点评，通俗易懂，既能培养学生的动手能力，又能提高学生学习线描写生的兴趣，通过线描写生表达对生活和自然的情感体验。

图书在版编目(CIP)数据

传统民居建筑线描写生/欧涛主编. —北京：北京大学出版社，2012.5
(全国高等院校应用型人才培养规划教材·艺术设计类)
ISBN 978-7-301-19025-8

Ⅰ. ①传…　Ⅱ. ①欧…　Ⅲ. ①民居—建筑艺术—写生—高等学校—教材　Ⅳ. ①TU241.5

中国版本图书馆 CIP 数据核字（2011）第 115558 号

书　　　名：传统民居建筑线描写生
著作责任者：欧　涛　主编
策 划 编 辑：邱　懿
责 任 编 辑：邱　懿
标 准 书 号：ISBN 978-7-301-19025-8/J·0383
出 版 发 行：北京大学出版社
地　　　址：北京市海淀区成府路 205 号　100871
网　　　址：http://www.pup.cn
电 子 信 箱：zyjy@pup.cn
电　　　话：邮购部 62752015　发行部 62750672　编辑部 62754934　出版部 62754962
印　刷　者：北京大学印刷厂
经　销　者：新华书店
889 毫米×1194 毫米　16 开本　8.25 印张　217 千字
2012 年 5 月第 1 版　2012 年 5 月第 1 次印刷
定　　　价：28.00 元

丛书总序

伴随着我国经济、文化建设的快速发展，文化创意产业、设计服务业等蓬勃兴起，艺术设计教育步入了“黄金发展期”。这不仅体现在日益扩增的艺术设计类专业办学规模之上，也直接反映在近些年来持续增加的报考率和就业率之中。这既与良好的经济环境、产业背景有关，也是广大应用型高校艺术设计教育工作者在“工学结合”育人理念的指导下，认真研究本专业人才培养的基本规律，在教育教学改革的道路上积极探索、勇于创新、努力实践的直接结果。然而，越是在这喜人局面之下，我们越要保持清醒的头脑，应该投入更大的精力去不断提高我们的教育教学质量。

构建以就业为导向、以岗位能力为核心、以工作任务为主线、以专业素质为基础的课程体系仍将是应用型高校教育教学改革的重要任务。而将“工学结合”的育人理念贯穿于育人的全过程，落实到具体的课程，体现在每一本教材之中，无疑是我们今后一段时期的工作重心。在整个育人体系中，课程是人才培养的落脚点。通俗一点讲，只有将每一门课程上好了、上活了，课程建设做实了、做优了，我们的人才培养质量才会有保障。从这个意义上讲，课程建设既是学校的基础性工作，也是全局性工作。

当下的应用型高等教育模式，无论是在教学理念还是教学内容方面，也无论是在教学形式还是教学方法方面都发生着深刻的变革。适时将这些教育教学改革的成果直接反映到教材建设之中，反过来又使之成为推进和深化教学改革的新动力，已成我们的共识。与此同时，随着社会经济发展方式的转变，相关产业正发生着深刻的变化，及时将反映行业发展趋势的新工艺、新材料、新方法、新技术融入到我们的课程，将体现最前沿应用技术的成果写进我们的教材，应是我们的现实追求。

应用型高校艺术设计教育培养的是服务于一线的“职业设计师”，这就要求我们针对设计行业以及具体岗位对设计人才知识、能力结构的实际需求来设置课程和建设课程，来开展教学，来编写教材。一方面，我们力图使教材内容紧紧扣住应用型高校艺术设计教育的人才培养目标及课程设置的总体要求，使教材在内容丰富、概念明确、结构合理的基础之上，突出实用性强、针对性强的特点。另一方面，则在教材内容的编排与结构的设计上努力体现其科学性与合理性。尤其是在对职业岗位进行全面分析的基础之上，对课程内容如何对应岗位能力需求，各课程应掌握的知识点、能力点以及技能要素、素质要素等，如何培养学生分析问题、解决问题的能力，都作了较详细的描述；通篇以项目、案例为主线，努力避免单调、枯燥的概念表述，强调基于工作过程的学习与基于学习过程的工作之高度融合，讲究设计预想与实际效果的有机统一。

我们试图通过辛勤的工作，使这套规划教材能够充分体现先进的育人理念，能够准确反映职业岗位对人才知识、能力结构的基本需求，又能凸显教材的实用性、实战性、实践性。当然，作者的追求与最终效果还有赖于读者的判断，而一线教师的具体评价、学生们的实际感受则是我们最看重的地方。

丛书编委会

序　言

传统民居在建筑历史上出现得最早、分布最广，是中国传统建筑中最基本的类型。不同的地域气候和生活方式，不同的生活习惯和文化艺术，造就了朴素耐用、灵活多变、实用性强的多种住宅建造形式，从天圆地方、等级森严的四合院，古朴粗犷、端庄稳固的羌族雕楼，依山傍水、轻巧玲珑的吊脚楼，到白墙灰瓦、轻幽淡雅的江南水乡，都是民间传统建筑艺术的瑰宝。然而，由于无知和偏见，大量具有保留价值的传统民居，大批富有特色的民居建筑被相继损毁破坏，民居的历史特征和传统风貌渐失。

应该感到欣喜的是，近些年来，对乡土建筑、乡土文化的保护逐渐引起各级政府的重视，保护民居文化开始成为社会的共识，一批批传统民居得到有效保护，各级地方政府也把保护民居、发展旅游经济，为当地民众谋福祉作为自己的责任，传统民居原有面貌逐渐得到恢复，传统的人文环境和生活形态渐次展现，开始成为人们放慢紧张压抑的生活节奏，追求古朴幽静的乡土意境，寻找逝去家园的理想去处。

笔者从事教学工作多年，在长期的教学过程中也积累了一些表现传统民居建筑的写生作品，在大学教授户外写生、手绘表现技法、专业考察等课程，带学生外出写生发现各地古镇、古村落、传统民居开始得到当地政府的保护及规划，甚感欣慰。通过线描写生的形式来研究传统建筑造型、结构关系、空间层次、不同材质、环境变化等。在写生过程中，培养学生对传统民居的正确观察和理解，使学生认识到传承和保护中国经典传统民居建筑，也是青年一代义不容辞的责任，通过传统民居线描的写生还能锻炼学生画面的驾驭能力，表现能力和形象记忆能力，加强对传统建筑的直观感受，提高艺术修养，从而感受传统建筑和环境的关系、研究自然界的变化规律。

在实践中总结出画好传统民居建筑线描写生的一点体会和经验，希望能对从事艺术设计的学生有所帮助。由于水平有限，书中若有不妥之处，望得到大家的指正。

欧　涛

2012年4月

目　录 CONTENTS

一、线描写生的概念

民居建筑线描写生是以客观对象为基础，以线条的表现形式精确细致地描绘出客观对象的形态和变化的一种画法。通过线描写生的训练能培养作画者敏锐的观察能力和迅速把握对象特征的能力，既是从事设计专业必需要掌握的重要绘画手段，也是体验生活、纪录生活、积累素材的重要途径。

1. 线条的表现

线条是人类创作出来的多功能的绘画表现手段，是抽象思维结合形象思维的产物。线描写生是将线条的形式感和物体的造型结合起来的绘画方式。

线条是造型艺术重要的表现形式，线描写生在绘画造型艺术里是以线条为主的表现方法，有慢速和快速

两种表现形式。不仅可以表现有形物象也可以表现无形的意象。

以线条为主的线描写生有时也并不完全排斥点和面，有些画者常喜用一些点来活跃画面，用一些面来辅助形体，是作画者将自己的认识理解和情感赋予所表现的物体以艺术化的主观意向。

2. 个性语言

艺术作品和线描写生作品都是需要个性的，没有个性的艺术作品和线描写生作品是缺乏感染力和生命力的。作品里包含着作者强烈的个性语言和风格，是作者情趣、修养、意念、技法、阅历和感知的综合体现。

造型艺术中创造艺术形象的手法是多种多样的，如绘画借助于色彩、明暗、线条、解剖和透视，雕塑借助于体积和结构等。通过长期的艺术实践，形成了这些造型艺术各具特色的艺术语言，并决定了这些艺术各不

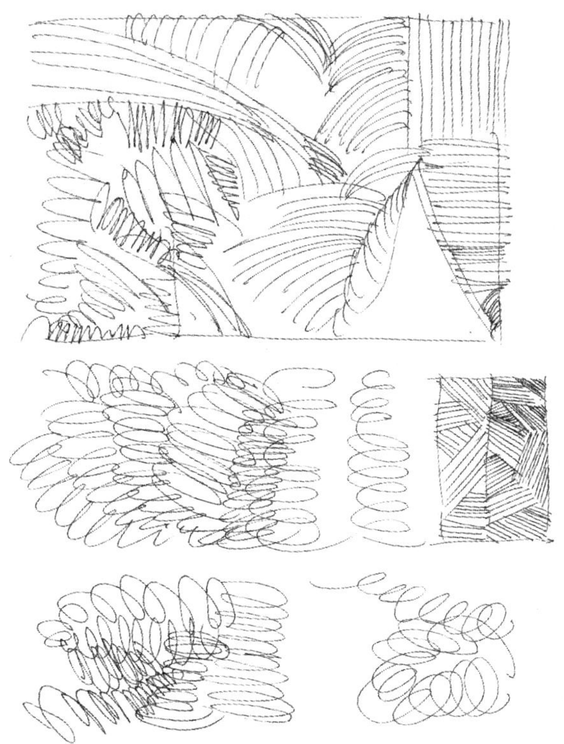

相同的表现法则。民居建筑线描写生与其他种类的视觉艺术并没有本质上的区别，也有丰富多彩的表现形式。

3. 线条的练习

线条是传统民居建筑造型要素中最基本的表现形式，如何运用线条来表现客观事物在写生中非常关键。在建筑线描写生绘画中，线条具有重要的作用和意义。

我们知道，在自然景物中，实际上不存在景物线条轮廓，其线形表现是人们主观创造出来的。在民居建筑线描中涉及的线条，抽象且无生命无内容，却能充分体现客观景物的形体、结构与精神，它被赋予表达形体和空间感觉的职能。

因此，在传统民居建筑线描写生过程中，要大胆地尝试使用各种线条来表现对象，体会不同线条再现对象的感觉，充分利用线条的疏密、轻重、节奏对比来把握画面的整体效果，加强线条的灵活性和多样性，使画面产生美感。

4. 基本线条和运笔的训练

在训练线描写生之前，首先要对线描的基本方法有所认识，并能熟练地运用一些基本线条，从基本的横直竖斜线条开始。线条要求有力度有变化，从慢到快、起笔收笔、粗细虚实、快慢急速，要练出线条的活力、韵律和美感。

其次，要训练画一些圆形、方形，从认识形体结构出发，学会较稳地控制线条。初学者往往画线条容易“飘”，或者线条感觉不到位、生涩，没有连贯性。这一阶段要加强线条的基本训练，直到熟练为止。在线描写生过程中，各类民居的特点不一样，线条的处理和表现也不一样。要表现不同民居的特点，应运用不同的线条进行组合处理，加强线条穿插疏密对比，体现民居的结构和空间关系，使民居符合写生的规范，画面生动而具有线描艺术的感染力。在线条的训练中，无论是长线、短线、圆弧线，还是粗线和细线，均可以以不同的形态结合随意表现。其目的就是通过不同线条的综合练习，将线条的感觉训练出来。慢速线描写生时间相对较长，要仔细观察研究客观对象的形体、结构、空间关系，训练较好的造型能力。传统民居建筑线描写生主要运用线条的起伏、节奏、韵律、粗细变化，依靠线条的穿插关系、疏密关系组成不同的层次来表达民居建筑的空间感、体积感，从而明确画面的主次关系。快速写生要求在一定的时间内概括生动地表现客观对象，突出主体，这就要求作画者线条表现力强，落笔准确肯定。线描写生在原理上与绘画速写大致相同，在认识观念上，民居建筑线描写生相比绘画速写更注重分析和理解，表现客观对象要具体仔细、准确到位，也更为注重空间的变化，强调透视感，强调对客观对象结构的理解，强调把握空间尺度，同时更注重结构、比例关系。

不同形式的线条组合会产生不同的视觉效果，如下图所示。

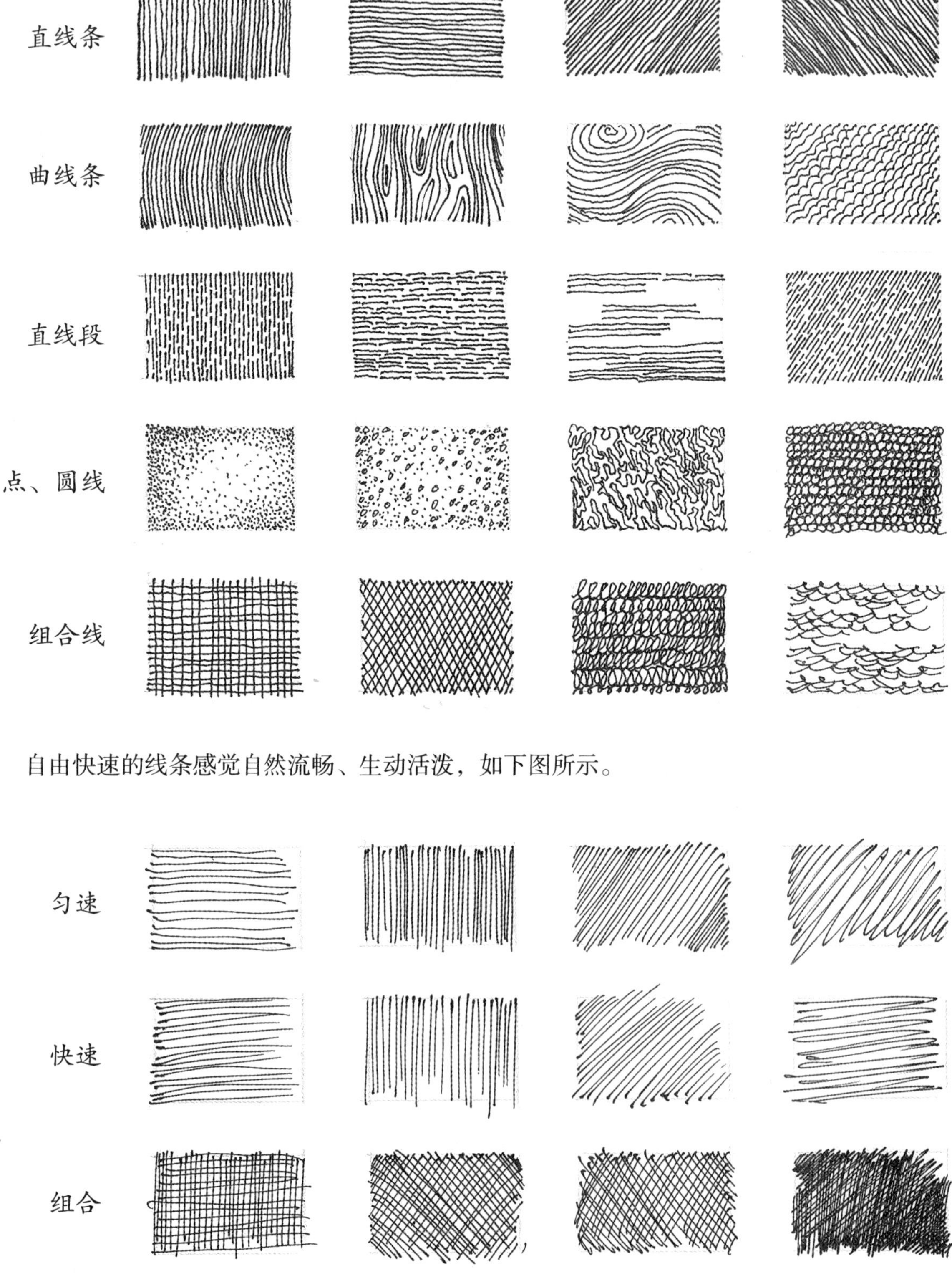

自由快速的线条感觉自然流畅、生动活泼，如下图所示。

慢速和快速结合训练是提高造型能力的有效手段，长期坚持能有一定成效。较好的造型能力也应是画好建筑线描写生的前提条件。

训练描绘各种形体组合对民居建筑写生很有帮助，很多民居建筑造型都是由一些几何形体组合而成的。对于这些由各种几何形体组合而成的民居建筑造型，从表现石膏几何模型和静物入手，通过分析各种不同静物的造型及特点训练造型能力，再来描绘建筑物就会感到轻松许多。

5. 体验生活，积累素材

运用绘画的表现方法组织协调画面的技巧和能力，这是线描写生的基础，掌握了这种技巧和能力也就掌握了民居建筑线描写生的一般规律。只有如此才可能做到熟练地观察对象、经营构图和进行画面的艺术表现。同时，线描写生也是收集、积累素材的有效手段，通过线描写生可以提炼生活的美感、提升审美品味。

对生活的热爱影响人的自身情感，自身情感和生活的体验是艺术真实反应的基础。在平时训练中，既要细微观察、刻苦训练，提高技能技法水平，又要注意在生活中捕捉美的元素，通过体验生活，积累素材。 颤动的线条、和谐的变化、完美的构图，都是情感的流露，也是线描写生素材的积累。

6. 艺术修养和审美层次

艺术不仅是简单的再现或模仿，对客观对象的认识、构图和表现方法的运用，都体现了作者的审美层次的高低。艺术素养是指作者整体的艺术修养和综合素质，是作画过程中深层次的理解和体现，只有提高艺术修养，具备较高的欣赏水平，才能整体提升民居建筑线描写生作品的艺术水准。

7. 民居建筑与线描写生

民居建筑线描写生是建筑艺术与绘画艺术相结合的表现形式，学生在学习中体会到线描写生与传统建筑之美在艺术造型规律上的共性尤为重要。通过线描写生，学生可深入地观察和表现客观对象，从而培养对客观对象的敏锐观察能力，准确把握和概括对客观对象的表现能力，在体验的过程中把握客观事物的内在精神本质，这既是重要的基本功训练，也是激发灵感的重要手段。

线描写生是通过眼睛的观察，大脑的思考和理解以及手的协调共同运作表达出来的。

二、线描写生

线条是重要的艺术表现形式，被中外艺术家广泛采用，它具有特殊的魅力。在表现形式上，通过最简练的方式表达繁杂的形态，营造出不同的质感和空间，表达不同的情感与意境。因此，在线描写生中如何运用并掌握线条的特性是画好线描写生的关键。不同的景物要运用不同类型的线条，如：画建筑物应该用挺拔、明确的线条，而画树木花要用有机的弧形线条。近景和主体物用线明确、对比强，远山和配景用线虚疏，在用笔时线条不能断断续续，要肯定明确和保持线条流畅。

（一）线描

1. 线描的层次关系

在画线描写生中，线条的层次关系的表达主要是通过营造画面中的前后穿插和疏密关系来体现的。通过线条的穿插、疏密关系、点线之间的对比，使得画面产生丰富的线条美感，并能细致充分表现出传统民居真实和生动的面貌。

2. 线条的穿插

如前所述，表现传统民居的层次关系主要是依靠线条的穿插变化组合来进行的。线条的表现能将居民的结构关系描绘得细致入微，但是花费的时间较长，特别是物体的结构关系、结点的位置、连接的细节，都要准确到位，否则，画面就会出现模糊、层次不分明的现象。我们在练习过程中，一定要对传统民居结构多观察分析，找到其变化组合的规律。开始训练要慢，探索结点和线条的表现，然后再一步步加强造型能力的训练，整体把握画面的效果。

3. 疏密关系

在传统民居写生中，难以使用明暗关系来表现画面，所以通常用线条的疏密关系来处理景物。通过线条的疏密表现景物的深浅，表现民居的层次关系。通过线条的疏密把握画面整体关系，这种表现手法要求对客观对象进行主观处理、概括和提炼，而不能照对象进行描绘，否则就难以得到较好的效果。

4. 点线的处理

点线的连接是传统民居写生的有效表现方法。在描绘传统民居时，描绘客观物体在整体关系所处的位置，深入刻画画面中各层次、表达画面质感时，都需要运用这种方法。通过点线的处理，可以使景物细微、画面完整、空间感强，能深入体现质感。画面的精彩与否往往取决于细节的描绘，同时一定要注意画面的整体关系。

（二）构图

1. 选景与取景

在民居建筑线描写生时，初学者面对复杂的民居建筑群落往往不知道从何画起，尤其是面对自然景象和特色民居，无所适从的感觉是一种普遍现象。这就要求作画者静下心来，多走走，多看看，从各个角度观察客观对象，有了大体的意向，或者内心有了表现的欲望时再开始作画。此时如何选景就显得比较重要了，因为客观对象不可能完全符合理想的要求，这就要发挥我们主观能动性，根据自己的审美判断和作画的要求，有取有舍，经营位置使画面生动有趣。

选景有一些简便的方法，如用双手的食指和大拇指构成一个长方形来选景，或者用卡纸制成的“取景框”来取景。在运用时注意眼睛与取景框的距离，可以上下左右适当移动。在选定比较满意的民居建筑景观之后，就可以画线描写生了。

选景与取景，能反映出我们的审美意识和趣味。观察角度不同会使画面产生不同的效果，对于作画者来说，关键在于要明白自己想要表达的是什么？是取其势？取其形？还是取其意？要做到心中有数，因为作画者的立意直接影响到画面的构成形式。取其势，是指以大场面为主捕捉景物大的气息和节奏进行描绘。取其形，是搜寻景物中某些有趣的部分，进行较具体的表现，力求对形体构造或质量感觉的刻画生动而有意味。取其意，就是强化人的情感的表达，客观对象只是一个载体，承载人的精神意识。

在绘画实践中，有时出现的一些效果是意料之外的，看似不显眼的东西和不入画的景物，在作画者的笔下却能表现出令人惊讶的效果，赋予其神奇的魅力，所以我们在线描写生的艺术实践和平时习作练习中，要注意积累线描技法，体验、发现现实生活中有艺术价值的东西。

2. 构图形式

线描写生的构图形式能直接反映出我们的观察能力和审美水平，也能较大程度的影响画面效果。因此，作为线描技法知识的重要部分，应该对构图常识有基本的理解和认识。

构图，通常是指画面的组成形式，也就是说，如何把景物中的各种素材组织起来，在充分体现景物意境的同时，透露出人的精神。它的基本要求，无论是快速概括的速写，还是精致入微的慢描，都要符合画面整体感觉的需要，让人能感受到主题明确、层次分明、具有引人入胜的意味。

在作画时为便于把握画面节奏与层次变化，我们通常把写生的景观分三个层面来分析：中景、近景、远景。中景往往是画面的主体部分，描绘时要耐心寻味，近景与远景往往起着衬托主体的作用，可以用概括的手法来处理。

在绘画实践中，构图形式较多，体现在画面上的感觉也是丰富多彩的。但值得注意的是，理论和标准能帮助人理解和认识客观事物，也能制约人的个性发展影响创造能力的发挥。要真正理解其意义，就不能教条地运用这些规律。事实上，自然界所包含的内容比我们想象的要丰富得多。因此在绘画实践的过程中，既要善于学习，又要善于体验。

3. 构图要点

构图从某种程度上来说，显示了我们的整体意识和思辨的能力。表现什么样的景观？构筑怎样的画面关系？采用什么方法来表现？这些都是线描写生练习时需要反复思考的问题，我们不可能一下子把所有的问题都解决了，而应有一循序渐进的过程，尤其在构图方式上，要潜心研究，体会各种不同构图形式的作用和意义。

无论采用什么样式的构图，都应该思考以下几个方面的问题：

（1）主次关系

主次关系是画面最重要的关系，因为它的形态变化会影响到内容表现，在画面构图时应把它放在首要位置来思考，主次关系处理是否恰当，直接影响着整个画面的效果。

（2）均衡

作画过程中可能出现各种灵感，一时感觉来了，会产生意想不到的效果。这时应注意保持好画面各种层次、各种线条、各种疏密变化的平衡，避免产生顾此失彼的现象。

（3）取舍

取舍体现了我们对景物的审美判断。取舍的目的是使画面趋于完整，显示景物的特色。“取”就是把有意思的景物保留下来，“舍”就是把破坏画面感觉的景物去掉。

（4）虚实

虚实处理是写生中重要的表现手段。“虚”表现出来的是简洁、概括，“实”表现出来的是丰富、具体、充实。二者的关系是对立统一的，虚中有实，实中含虚，作画时要根据画面的需要来把握它们之间的变化。

我们应该知道，凡具有灵性的线描写生，既包含着绘画的基本原理，又能冲破既定规律，表现出独特的意境。最为重要的是，画者应当学会总结，寻找适合个人表达方式的规律。

三、单体景物的描绘

初学阶段，可以先临摹一些优秀的线描写生作品，从单体景物的描绘开始，借鉴学习别人的对民居建筑和景物的概括和提练能力。下面是五种常见的单体景物的画法。

（一）树木

树木是画民居建筑时重要的陪衬物。树木的造型千姿百态，在写生时要注意多观察，找出其特点和变化规律。画树的方法多种多样，一般都是从树干开始，先画树干可以把树木的位置和大小比例确定下来，然后是树枝和树形，最后是具体的树叶和各部分疏密关系。

（二）古建筑

古建筑在作画时要注意观察它的基本形态，传统古建筑和现代建筑的造型规律基本类似，都是以几何形态的不同组合、变化产生不同的建筑特色。

画古建筑线描写生，应注意古建筑形态的透视与比例。各种不同形态古建筑的结构、墙面、屋顶、门窗等具有各自的特点。不同的类型风格变化较多，如徽派建筑、西南地区的干栏式建筑、福建的围楼等。在画法上要分析比较不同点，加以表达，用笔要明确，使线条具有表现力。

（三）石块与砖墙

石块和砖墙也是民居建筑线描写生中的重要描绘对象。石块主要用在道路、石桥、石墙、石墓，造型各异。砖墙往往是有一定年代的房屋和残墙，因历史的痕迹而具有美感，在作画时要根据个人感受来表现。我们需要通过分析研究石块和砖墙不同方向的面，来营造画面的变化。

（四）小青瓦

在我国的中南西南地区，小青瓦是典型的传统民居材料。

画小青瓦要注意观察其摆放规律：依据民居建筑构造的造型来排列。又如徽派建筑的马头墙，作画时要分析它的结构形态及青瓦的方向感。大片瓦屋要注意整体布局，体现错落有致、疏密得当的特点，画出小青瓦的层次感。初学者一般画小青瓦容易出现的问题是简单无变化，找不到结构层次。

（五）木结构房子

木屋结构在民居建筑写生中是一个常见内容，作画时应抓住民居建筑的内部结构，如房梁的契合，柱子、窗格的构成。对线条的表现要求较高，横直竖立要准确肯定，切忌歪歪歪扭扭，在木结构的结点上要准确到位，才能画出木结构的层次关系，表现出它们的前后左右的位置关系，同时还应注意表现木结构房子的质感效果。

四、构图形式

在传统民居建筑线描写生中，常见的构图有以下六种。

（一）垂直构图

垂直构图的表现形式让人与景物产生情感距离，易产生崇高、宁静、肃穆的感觉，它常用于教堂、纪念碑与某些现代城市建筑的表现，能体现出向上、高大、庄严的特点。

（二）水平构图

在线描写生中，水平构图的运用较为广泛，比较符合人的视觉习惯和心理感受。它常用于表现开阔的场景，或贴近人的生活的景物，能传递一种平静、亲切、安宁的视觉感受。

（三）三角形构图

正三角形构图总体上给人的感觉比较稳定、形态变化生动、富有节奏感；倒三角形就会产生不稳定感，有强烈的动态倾向。

（四）倾斜构图

具有一定倾斜度的构图方式，会使画面产生动态变化。作画时要考虑画面各种关系的协调和平衡，始终把握住主体在画面上的主导作用，避免出现视觉中心偏移的现象。

（五）对称构图

对称构图往往能体现出端庄、严肃的感觉，比较适合表现具有历史感的建筑或深远的景物。由于这种形式比较单一、缺少变化，因此要求作画者在运笔和层次表达上丰富画面的感觉。

（六）“S”形构图

“S”形构图具有活泼、生动的感觉。这种构图方式，能通过画面的曲直变化，将人的视线慢慢引入画境之中，感受耐人寻味的情趣。作画时要注意把握好分寸，控制好节奏的变化。

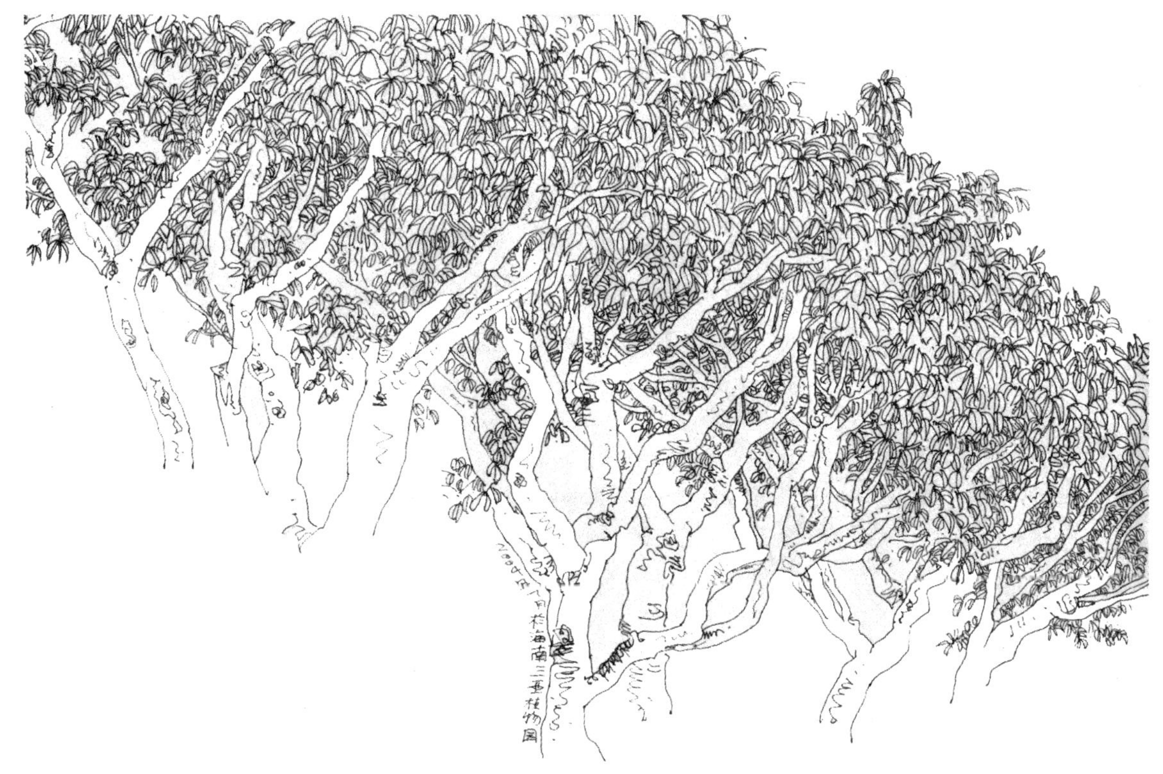

五、线描写生绘图步骤

（一）作画步骤

线条是线描写生最基本的语言，它既能表现出客观景物的真实面貌，又能赋予画面充满灵性的气息。线描写生的基本步骤如下。

① 选择有意思的景物和主题，构思相对完整的构图。

② 从主体的内容起笔，注意它在画面中所处的位置和比例关系。

③ 近景和远景的描绘，要根据主体内容的情况把握好疏密的节奏变化。

④ 当画面中各种关系基本确立后，根据整体感觉进行适当调整。

⑤ 从不同的角度观察对象，选择能满足基本构图的景物。

⑥ 从何处起画要考虑清楚，以便于每个作画环节能相衔接。

⑦ 落笔要肯定、流畅、准确地把握好景物的透视关系。

⑧ 观照整体感觉，使各个细节能协调统一，显示出特有韵味。

有人提出画民居建筑线描写生时无需先用铅笔勾画轮廓，主张直接用钢笔在白纸上成稿，这样画出的作品，感觉奔放、生动、自然，甚至可能还有不少神来之笔。但是，对于初学者来说，由于造型能力有限，技法不够熟练和缺乏经验，用这种方式写生很容易遭遇失败。特别是民居建筑物及空间的透视线条有着很强的规律性和方向性，假若信手画歪了几根，画面将会出现不和谐，空间扭曲甚至产生近小远大的错误，感觉必然别扭而不真实。我们使用的是水性笔作画，落笔生根不能修改，出现不可收拾的窘境而导致前功尽弃，自信心会受到影响。因此，对于初学者来说，还是先用铅笔勾画轮廓后再逐步深入，循序渐进为好。

（二）视点选择

民居建筑线描写生时，为表现同一个主题采用不同的视点会对画面产生截然不同的效果。在取景时稍微移动一下站立的位置，主体建筑与其他景物之间的透视关系就会随之改变，更不用说离建筑主体远一点或近一点、高一点或低一点时的影响。

因此，绘画前我们最好先在建筑民居四周走走，认真观察一下民居建筑的外形特征，寻找合适的视点，然后再精心构图，把民居建筑主体和增加画面空间感的中景和近、远景组织在画面之中，把与表现主题无关的景物排除在外。表现历史建筑时，采用正面视点能够体现出其庄重、严谨，而表现民居建筑时，如果采用前侧面正面视点作成角透视，则会收到比较好的效果。视点的高低也会对画面产生很大的影响。同时，视点的高低对于作画的难度也有所不同，一般来说，视点高的难度要大些，这是因为地面上要反映的东西要多一些，配景也要多一些。如果视点低一些，按照正常人站立的视点来作画要简单得多，只要画好前景，后面的景物及配景就迎刃而解了。

民居建筑线描写生分为以下几个步骤：

① 首先选好角度确定所表达的重点，画出大的轮廓加强对比。

② 注重视平线的位置，整体深入。

③ 注重细部刻画，调整好整体与局部的关系。

④ 重点部应加强对比。

（三）细部刻画

作画时在铅笔轮廓的基础上进入深入阶段，基本结构轮廓线肯定后，逐步对民居建筑各部分做仔细刻画。有时，我们需要考虑线条的分布与疏密的安排，这需要运用线条穿插来表达结构，将线条的变化形成对比，形成线条的节奏与韵律效果。

为了突出主题和重点，作画时应着意将民居建筑的主体部分加强对比，运用线条的强弱对比、虚实对比、疏密对比处理好民居建筑界面的细部关系，为了防止画面空泛简单化，也可以在一些空白处添加线条达到呼应，同时安排配景的内容和位置。

一般来说，民居建筑物的下部要做重点描绘，特别要协调好民居建筑物和地面的关系及和配景的关系。只有把这一部分表现得到位和充分，建筑物才能够实实在在地落在地面上。

（四）配景的目的

民居建筑物是不能孤立地存在的，它总是存在于一定的自然环境中。因此，它必然和自然界中的许多景物密不可分。

民居建筑物配景是指画面上与主体建筑物构成一定的关系，帮助表现主体建筑物的特征和深化主体建筑物的对象。民居建筑配景是十分重要的，出现在画面中的树木、人物、车辆等，尽管都是画面中的配角，却起着装饰、烘托主体建筑的作用。在它们的映衬下，民居建筑物消减了枯燥乏味的单调感，而显得生机蓬勃、丰富多彩。

如果没有这些配景，画出的民居建筑可能和真实的现场有很大的距离。

（五）线描写生画面配景

任何一个民居建筑物都不能脱离环境而存在，因此民居建筑线描写生中周围的环境也是线描写生内容的一部分，如配置适当的民居建筑环境，不仅能使观者从其中看出民居建筑物所在地点是郊外或庭院，依山或傍水，而且还可以通过衬托的作用，在一定程度上增强画面所要表现的环境气氛，有助于描绘不同民居建筑的特性。

传统民居建筑一般是画面的主体，因此最后形成的画面效果，也应以建筑物为重点。在此情况下，画面上所有配景的布置和处理也始终只应起着陪衬的作用，即使有时对配景加以夸张，也是用以充实建筑四周的内容，丰富建筑的环境，以求突出民居建筑本身。

（六）配景要点

民居建筑线描写生宜以人物、植物和车辆为主。人物的大小前后及衣着姿态对于烘托空间的尺度比例，说明环境的场合功能很有作用：植物的形态最能表现地区气候特征，车辆安排得当能够平衡构图，给画面带来动感。

这些配景是民居建筑线描写生表现中重要的一环。画面配景的安排必须以不削弱主体为原则，不能喧宾夺主，配景在画面所占面积、色调的安排、线条的走向、人物的神情动作等，都要与主体配合紧密、息息相关，不能游离于主体之外。

画面布局应有轻重主次之分，画面上的配景常常是不完整的，尤其是位于画面前景的配景，只需留下能够说明问题的那一部分就够了。配景贪大求全，主体民居建筑反而会削弱，在作画中要从实际效果出发取舍配景。

（七）前景安排

在民居建筑线描写生画面中，前景在构图、意境、气氛和景深等方面起着重要的作用。前景还有均衡画面的作用。有时我们在画面上发现空缺不均衡时，比如天空中的云显得单调时，用下垂的枝叶置于上方，弥补画面不足；有时画面下方“压不住”，上重下轻的时候，可用山石、栏杆做前景，色调深邃，使画面压住阵脚，起到稳定、均衡的作用。

前景也常常被用来加强画面的空间感和透视感，与远处的景物形成的形体大小对比和线条疏密对比越明显，纵深的感受就越鲜明。

（八）气氛渲染

在民居建筑线描写生中，人物是最重要的配景，生动的人物姿态最能活跃画面气氛、反映地域风情。

除人物以外，树木和民居建筑物的关系最为密切，是建筑物的主要配景，树木可以作为远景、中景或近景。画配景时应考虑到民居建筑物的比例关系，过大或过小都会影响民居建筑物的尺度，在透视关系上也应与民居建筑物一致。初学者往往容易因为没有处理好这些关系，使所画的配景与建筑物格格不入，破坏了整个画面的统一和谐气氛。

巧妙地处理配景素材的位置、疏密等关系，可平衡画面构图、增强画面动感、强化视觉中心，并烘托出主体民居建筑整体环境氛围。

六、慢速写生绘图步骤

线描写生是以线条的形式来表现的，线条的训练是画好线描写生的基础。对线条的掌握和理解决定了线描写生的水平高低，参见慢速写生案例一、案例二。

1. 认识线条

学习线描写生首先要对单线的表现有所认识，大多数的线描写生都是以线条的形式来表现，每根线条都有一定的意义，比如材质及不同色调的变化、面的转折。常用的运笔方法有：流畅、均匀、快速、停顿、锯齿及波形等，体现物体层次关系的运笔方法有穿插、疏密、大小变化等。要准确描绘客观物体，就要做到线条的连贯与流畅，同时有层次和变化，尽量避免错误运笔。其难度主要体现在线条的搭接、往返描绘、大方向倾斜等技法上。

2. 慢写构图

在学习线描写生的过程中，开始必须训练对客观对象的观察能力和分析表现能力。通过分析研究客观对象的外形结构关系，学习用单线条来表现对象的前后层次和结构关系，不同于素描中的明暗法，这就要求我们必须慢速地运笔。一点一点地分析研究，并积累线条表现的技法和经验。

线描写生要求我们仔细、完整、准确地把客观对象表现出来，构图训练也是重要的基本功之一。构图既可以提高线描写生的艺术性，还可以增强在艺术构思阶段对民居建筑本身取舍、对比的能力，增强自身的艺术素质。平面的构图主要分为对称式与均衡式，应根据平面主体特征来选择：对称——表现的主体本身具有对称性，在构思草图时，应充分表现其肃穆、庄重、雄伟的特征；均衡——画面的主体具有非对称的特性。这种情况比较常见，在表现中可运用转换视角或以配景方式来达到整个画面的均衡。

（1）仔细观察分析，感受对象

注意大的透视、形体比例关系，用线条简略地抓出大体基本形，确定出构图关系。使构图充实、饱满、生动、完整。

（2）打轮廓，画出大体明暗

简明扼要地抓住对象的基本特征，然后进一步探索和理解对象的结构关系。用线条逐步完善大体轮廓并画出大体明暗关系和体面转折关系。

（3）深入刻画

传统民居写生的深入刻画尤其要做到主动把握对象，紧紧抓住“总体感觉”。用线条的疏密、穿插变化来表达对象的明暗、虚实关系，进一步刻画出对象的细微特征，通过线条的节奏、韵律增强画面的美感。

（4）调整、完成

最后一个阶段即调整完成阶段。调整包括两个方面：一是调整体面关系，采用线条的变化加强或减弱、“推进去”或“拉出来”的办法，强化建筑大的体块关系。二是调整层次关系，通过调整，使画面主体突出、空间层次分明。这时应着重从主次、结构、空间、形式关系的角度进行调整，在变化中求统一。

慢速写生案例一

步骤一

步骤二

步骤三

步骤四

慢速写生案例二

步骤一

步骤二

步骤三

步骤四

七、快速写生绘图步骤

通过慢速与构图的训练过程，初步掌握线条的运用之后，可以在较短的时间内快速地捕捉所看到的客观对象及环境，可以运用不同的表现形式来作画。线描写生在大多数情况下带有客观性，即描绘实实在在的客观景象。这种客观性也受到了作画者的观察方法和描绘手段存在差异的影响，不同的作者画的同一景物，画出的结果给人的感觉是不尽相同的。

这一阶段的训练，要学会抓取重点部分，快速表达主要的结构关系，进行取舍、提炼、概括，“写”出那些最能代表对象特点，烘托环境气氛的部分。参见快速写生案例一、案例二。

① 观察分析对象，用线条打好轮廓，注意大体的透视和形体比例关系。

② 在线条轮廓的基础上，用线条进一步表现出对象各个局部的具体形状与特征。

③ 运用线条的方向、曲直、长短、疏密表现明暗关系，完成整幅作品。

快速写生案例一

步骤一　　步骤二

步骤三

快速写生案例二

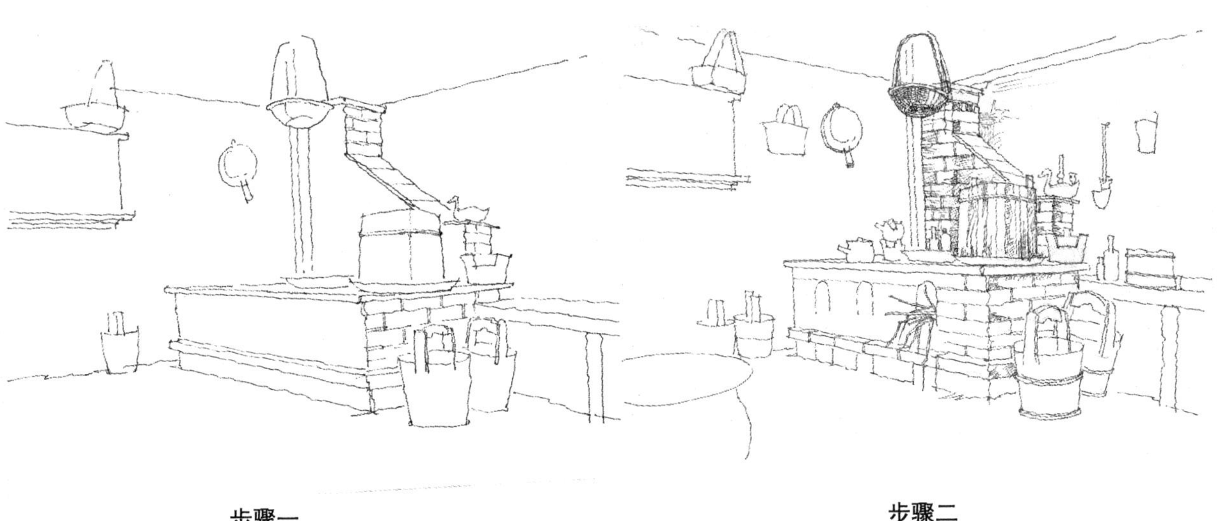

步骤一　　步骤二

步骤三

八、记忆默写

这一方法近年来越来越受到重视，各艺术设计院校在招生中普遍采用。这要求考生具有较强的记忆与默写能力。这种造型方法与对物写生不同，是通过大脑的信息储存将形象积累起来，把局部零散的画面、形体经过推敲、酝酿、分析、组合，去粗存精，最后以记忆笔记和速写的造型手法再现物象的形态。

做记忆与默写训练，除了可以让作画者不断进行视觉的回忆外，所默写的物象往往也是艺术创作灵感的火花。有些默写可能只是零碎不完整的，却可以在作画构思中提供有关的信息反馈，通过这种方式记录了探索的过程可为艺术创作打下基础。记忆与默写本身就是非常实验性的，根据主题的不同个体创作差异较大，作为灵感的“信息库”，在日常训练中应该被重视。

九、临绘借鉴

临摹描绘可以提高作画者对整体的把握能力，对画面的布局控制能力以及肉眼对尺度的微量水平。通过临绘照片和优秀的线描作品，一方面可以促进作画者对线描写生比较全面、细致深入地观察与学习，加深记忆；另一方面，作画者通过学习借鉴优秀作品中的线条表现技法，物体的层次关系、形状、明暗、疏密对比程度，可以在比较中探索造型诸因素相辅相成的变化规律，提高控制画面黑白层次的对比以及虚与实、疏与密、强与弱等画面效果的整体处理能力。

在借鉴的过程中，注意不能机械地去摹仿和照抄对象。我们要表现的线条是富有活力和变化的，有节奏和韵律的，这不等同于中国画的白描，更不能用画标本的方法，那样的线条画出来是没有活力和美感的。

在临绘的后一阶段，根据线描的要求，要学习用单线勾勒的线描法，简单概括出主要的形体关系。先整体后局部，再由局部回到整体，是一切绘画形式应当遵循的方法步骤。临绘与借鉴也不能违背这条规律。

十、透视规律

透视是造型艺术的基础，也是民居建筑线描写生的重要基础，没有透视关系的线描写生或透视关系不准确的线描作品，无论其表现力有多好，描绘都是没有意义的。我们在学习民居建筑线描写生之前，首先要学习透视原理，做到熟练掌握和运用，用科学的透视规律如实地反映特定的环境空间。

然而，在线描写生的过程中，既要运用科学的透视原理，又不能生搬硬套，而应凭自己的写生经验和感觉，在动笔之前把握好画面主要透视线，确保民居建筑在大的比例关系上没有较大失误。民居建筑由于年代久远陈旧失修，墙体、门窗、房梁倾斜，反而更显生动具有绘画性。在学习民居建筑线描写生时，在熟练掌握透视原理的同时还要注意积累相关经验。

（一）基本概念

透视图即透视投影，在物体与观者之间，假想有一透明平面，观者对物体各点射出视线，与此平面相交之点相连接，所形成的图形称为透视图。视线集中于一点即为视点。

在透视图上，因投影线不是互相平行而是集中于视点，所以显示物体的大小，并非真实的大小，有近大远小的特点。形状上，由于角度因素，长方形或正方形常绘成不规则四边形，直角绘成锐角或钝角，四边不相等。圆的形状常显示为椭圆。

如下图所示：

画面: *P. P.* 假设为一透明平面；

地面: *G. P.* 建筑物所在的地平面为水平面；

地平线: *G. L.* 地面和画面的交线；

视平线: *H. L.* 视平面和画面的交线；

视中心点: *C. V.* 过视点作画面的垂线，该垂线和视平线的交点；

中心线: *G. L.* 在画面上过视心所作视平线的垂线。

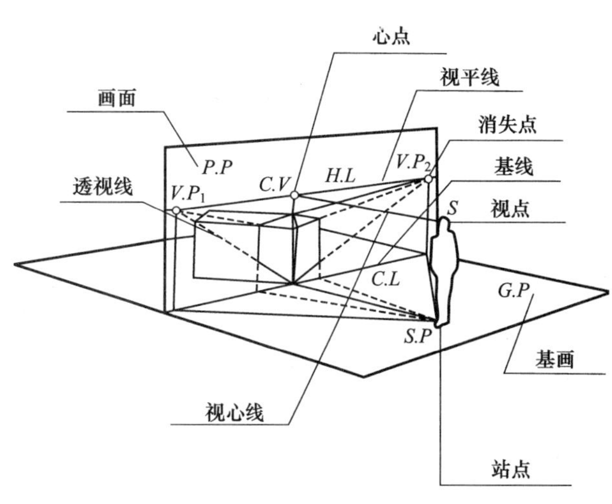

1. 一点透视

一点透视也叫平行透视。画面中的主要物体的一个面的水平线平行于视平线，其他与画面垂直的线都消失在一个消失点所形成的透视称为一点透视，从一点透视入手学习是一个比较好的办法，一点透视有较强的纵深感，适合表现较大的场面和庄重对称的主体。不足的方面是构图对称、呆板。

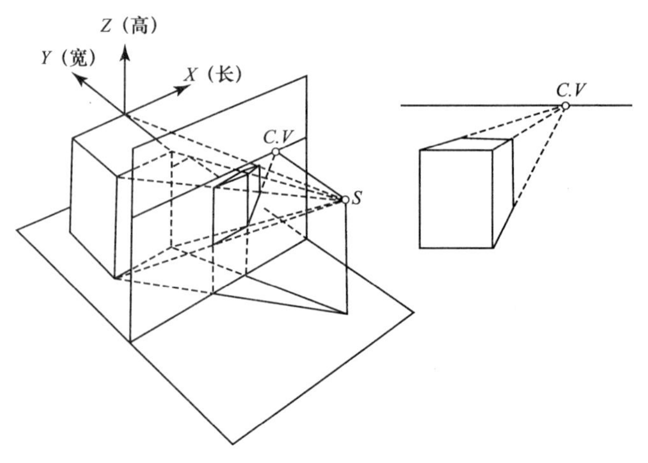

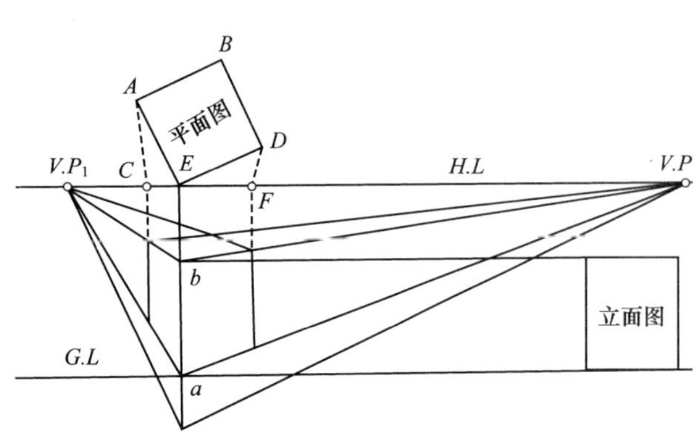

2. 两点透视

两点透视也称成角透视。画面中主要物体的垂线任其垂直，互成直角的两组水平线倾斜并消失于两个消失点时称为两点透视，运用两点透视进行民居建筑线描写生，画面生动活泼，能够直接反映空间关系，接近画者的实际感受。但是，在构图与透视角度的选择时要注意防止画面产生变形。

因为有两个消失点，运用起来比较难掌握些。两个消失点都要求在视平线上，在画民居建筑单体时，根据需要画面要夸张透视，使画面产生特殊透视关系和形式感。两个消失点离画面中心远一点，可以避免透视变形。

透视图绘制时的注意事项

1. 建筑透视图

① 透视图上主要建筑物所占面积通常约为纸面的三分之一。承接建筑物地面的面积应小于天空的空间，这样才有稳重感。

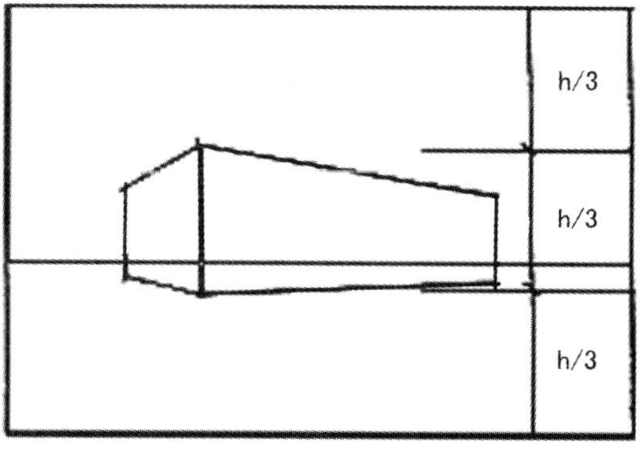

② 建筑物左右应留空间，增添配景充实画面。

③ 透视图上天空面积若太大，空白显得太多时，可以绘出较近的树叶填补。

④ 透视图中的前景、建筑物、背景三部分，要用不同明度对比区分，使前后有深度感，突出建筑物。

⑤ 建筑物本身线条应详细刻画，其他可简单描绘。

⑥ 透视画的配景：人、物、汽车、树木，可以使画面活泼生动，并能清楚识别建筑物的大小比例。透视画上可绘出远近不同的树，来增加画面深度及大小比例感。

2. 室内透视图

① 画透视图时，要考虑室内布局的主次和重点表现对象，如墙面、顶棚、家具等，需要通过不同的视高、视距、视角来调整表现。

② 室内空间布局处理要得当，避免有的角度拥挤，有的角度过空，可用绿化、陈设适当调整补充画面，但应注意比例关系。

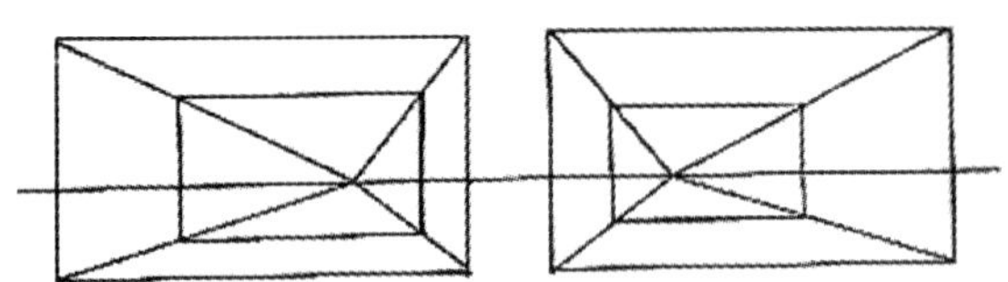

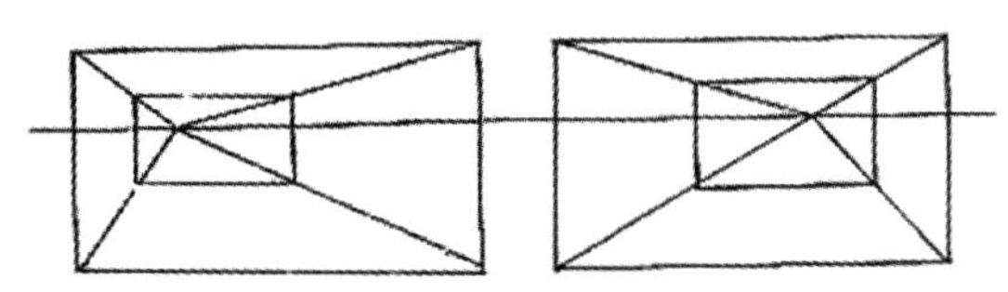

③ 画面应有虚实感，突出主要部分，强调主要部分的线条变化。

3. 感觉透视

在了解透视基本概念的基础上，理想空间关系的表达还在于结合个人感受灵活掌握透视规律。要训练用钢笔线条直接来画，这要求画者有十分敏锐的空间感悟能力以及表现主体空间范围的控制能力。要不断培养空间感受能力，做到“眼勤”、“脑勤”和“手勤”，特别是要做到“手勤”，经常画一些透视小草图，通过对透视小草图的训练，培养对空间的“构架”能力，提高对空间表现“迅速反应”的能力和对主体空间的整体把握能力。同时加强主次关系，使画面增加亮点，提高表现技巧。

十一、工具材料

1. 各种水性笔的性能与特征

线描写生使用最多的是钢笔，在欧洲大约19世纪就开始使用钢笔作画。随着科技的发展和新的绘画工具的不断产生，新的绘画线描工具，如水性笔、中性笔、纤维笔、签字笔等绘画用笔的型号、大小、性能与用途都和钢笔相似。

铅笔有软硬之分，铅笔的特点是润滑流畅，铅笔画出线条有粗细，浓淡等画面效果，层次变化丰富，画面较生动，水性笔画出的线条流畅有韵律感，富有节奏的变化，画面效果细致深入，使画面灵活多变，丰富多彩。

墨水一般选用不褪色的碳素墨水。

2. 纸张

传统民居建筑线描写生还有速写本或纸张等。画线描写生对纸张的要求不高，只要是绘画用纸都能作画。通常还是选用质地密实、纸面平整的绘图纸、白卡纸等。复印纸也可作画，但复印纸，纸质较薄，易产生单薄之感，也可使用白纸、色纸、宣纸、透明纸等。

传统民居建筑线描写生的速写本可购买也可自制，一般不宜太大，便于随身携带。一般纸品都可以用于写生，不同的纸张适用不同的工具，其效果也是大不一样的。如卡纸质硬，正面白而光滑，反面灰而涩，其白面画线描写生最佳，普通复印纸做建筑速写也是一种方便的选择。

3. 其他的辅助材料

除了画线描的笔和纸外，常常还会用到一些其他的辅助工具，如画夹、活动小椅子、遮阳伞等，一般画幅在8开尺寸左右，画夹的尺寸应是四开的，通常使用较多的是8开和16开速写本，8开尺寸较好，画线描习作时，能够放得开一点，也可根据实际需要来进行选择。速写本对纸质有一定要求，一定要选纸质密实、表面光洁的纸张，一般松软的粗糙的纸张影响线条的表现。

十二、线描写生作品赏析

线描写生不但是一种训练形式，也是一种艺术素质的培养。民居建筑线描写生的表现形式应是以写实性画法为主，遵循写实的思想，做到透视准确，比例和体量协调，线条流畅，能真实地反映客观景物等。同时，艺术家、画者所创作的每一件作品都蕴含着创作思维和个人情感，在构思阶段的思维应是开放的，要敢于尝试，运用各种手段和形式，发挥个人在表现上的独创性。

在民居建筑线描写生时，可以用慢速的表现手法，也可以用快速的表现手法，把生活中的灵感和意象，用线描的形式再现出来，可以采用多种绘画形式，尝试各种民居建筑线描写生工具和材料，扩展表现内容，为艺术创作和艺术设计积累丰富的素材。

传统民居线描写生作品欣赏

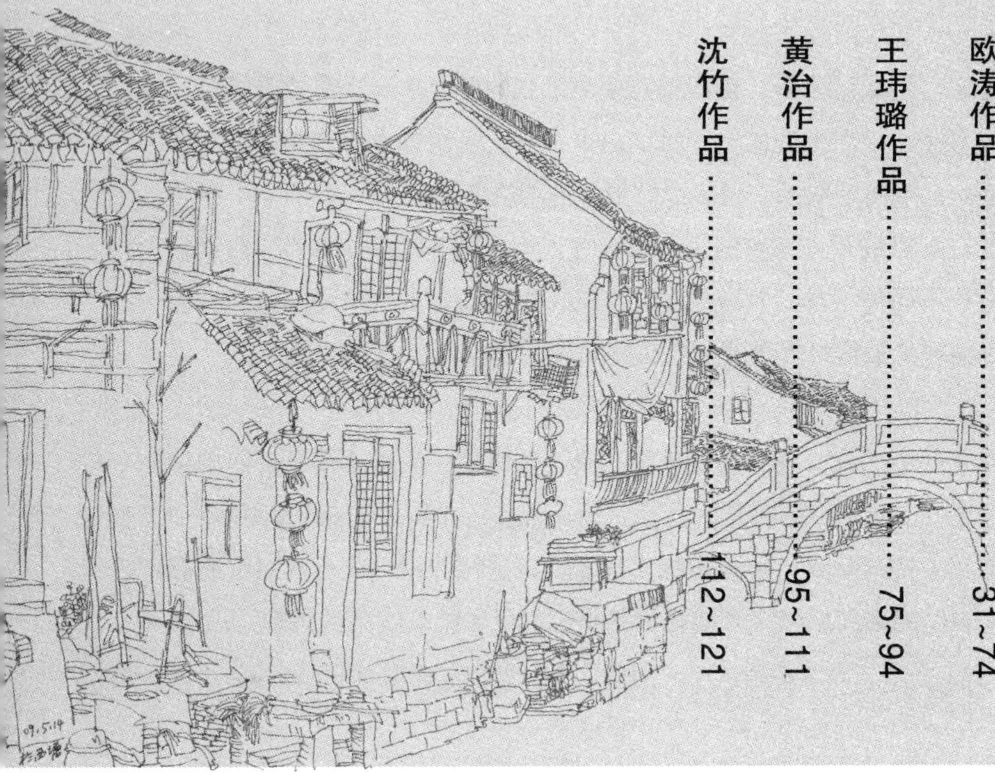

2004.7.於海南
三画

这个侗寨鼓楼和住宅是连在一起的，木制结构比较独特，并且和寨门连在一起，在侗族鼓楼里也少见，具有独特的干栏式建筑风格。

庭院式民居建筑，我在写生时有意将透视线压低一些，以突出庭院深远的空间关系，对葡萄架做了细致的描绘。

这是一幅风景写生，有远山树木、桥梁、房屋，要把远景、中景、近景处理好，就要注意线条的层次变化。画面中加强了暗面的线条处理，求得画面的统一。

比较老式的木门，因年代的久远与一般的木门不一样，窗格和两边的对联，都让人感受到传统的气息。

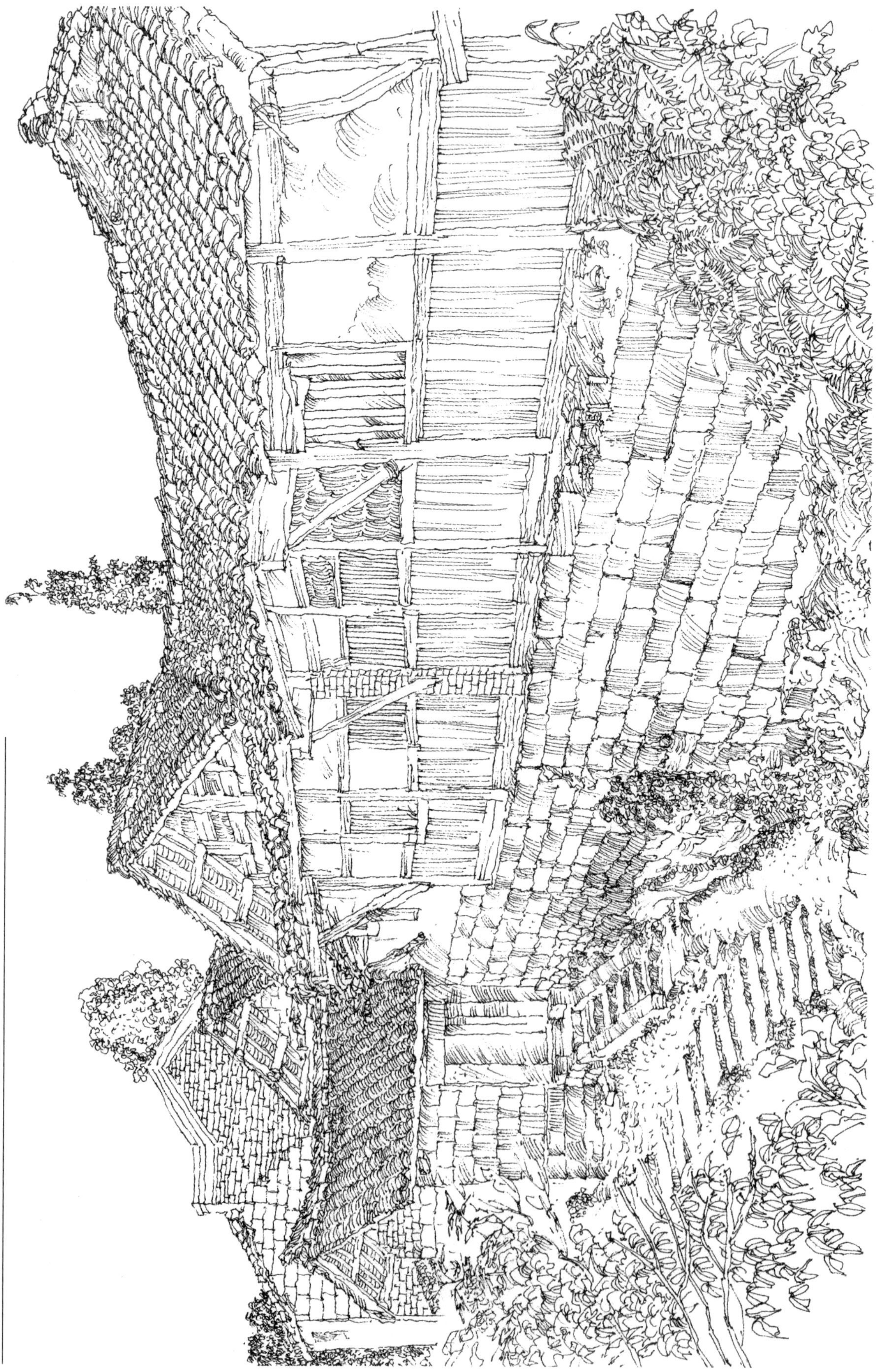

典型的西南民居建筑，屋顶瓦面的处理一定要有形式和层次的变化，在写生时要注意屋顶小青瓦远和近的结合，不能简单化。

凤凰南长城边上的古兵营，就地取材，都是用石块砌成的房屋，很有地域特色。

写生画面近景为枇杷树，中景为青灰瓦、马头墙，典型的徽派建筑特点，画面突出了枇杷树的线描层次，背景墙体有陈旧的感觉。

湘西古镇黔城沿江的街道，近景的房屋和树木之间用线条的疏密关系拉开，加强了透视的变化，是具有平行透视感的风景写生线描作品。

这幅线描写生画的是古镇黔城保留的具有明式建筑风格的门楼样式，旁边是店铺。写生时为突出明式特点的造型使用了弧线表现，其他基本都是用直线表现，通过对比以体现门楼的主要特征。

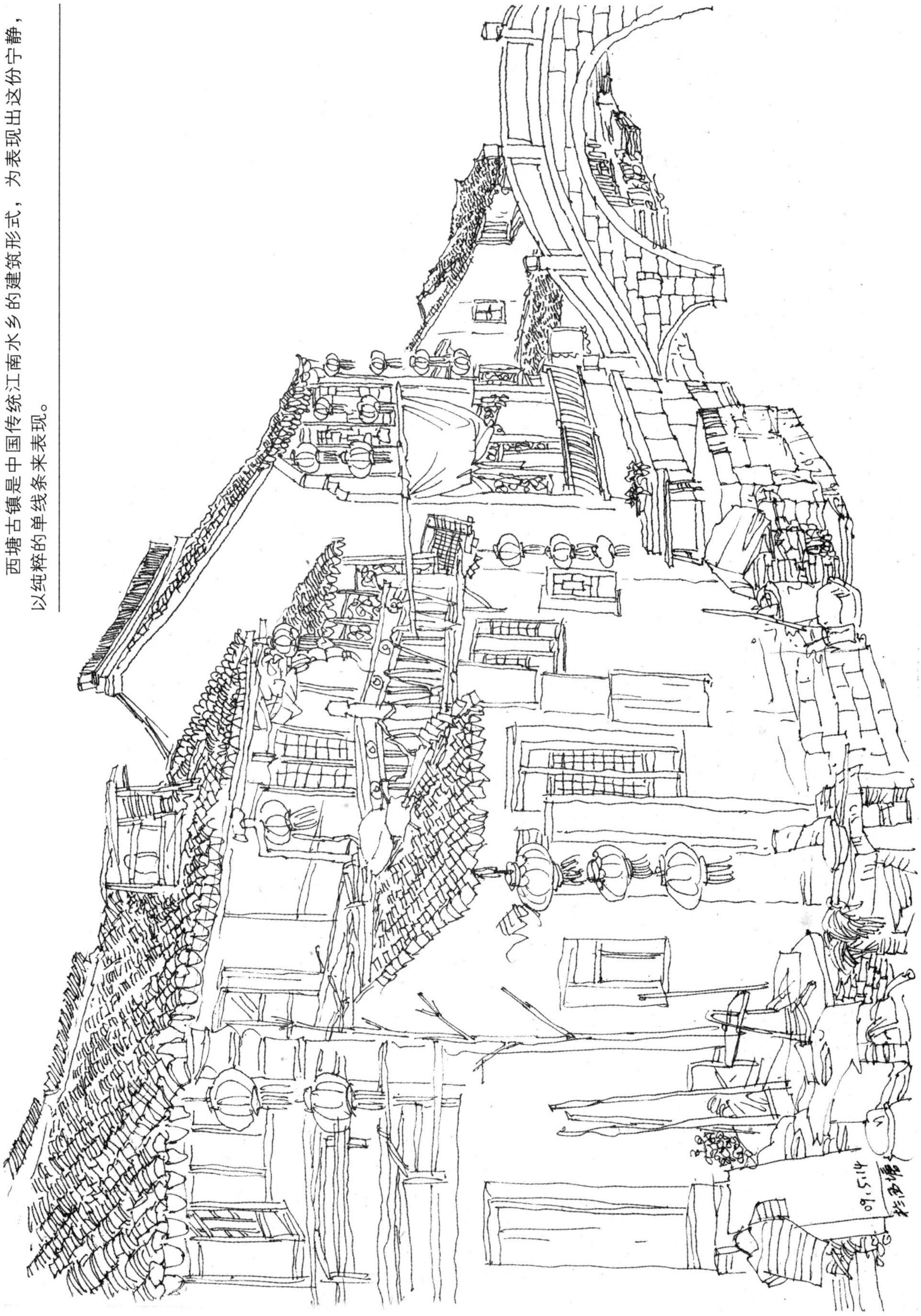

西塘古镇是中国传统江南水乡的建筑形式，为表现出这份宁静，以纯粹的单线条来表现。

西塘人家这幅线描写生采用满构图，着力渲染民居建筑中两层小青瓦房的结构特征，用房前的红灯笼、花草做陪衬，通过单线描绘，画面显得很轻松，线条随意自然。

画面中心是古镇黔城街面的小店面，通过直线表现力度和韧性。

凤凰沱江边上典型的吊角楼建筑，远景为山和树木。到凤凰古城马上映入眼帘的一处景色。我用细致的线条来描绘，特别对瓦片的处理，有变化和层次，水波的流动也很自然，把那种感受完全表现出来了。

西塘建筑写生主要是以单线条描绘建筑，写生画面处理比较规范、着力表现青瓦白墙和水的平静，对青瓦的画法力求变化生动，否则画面就会显得呆板没有生气。

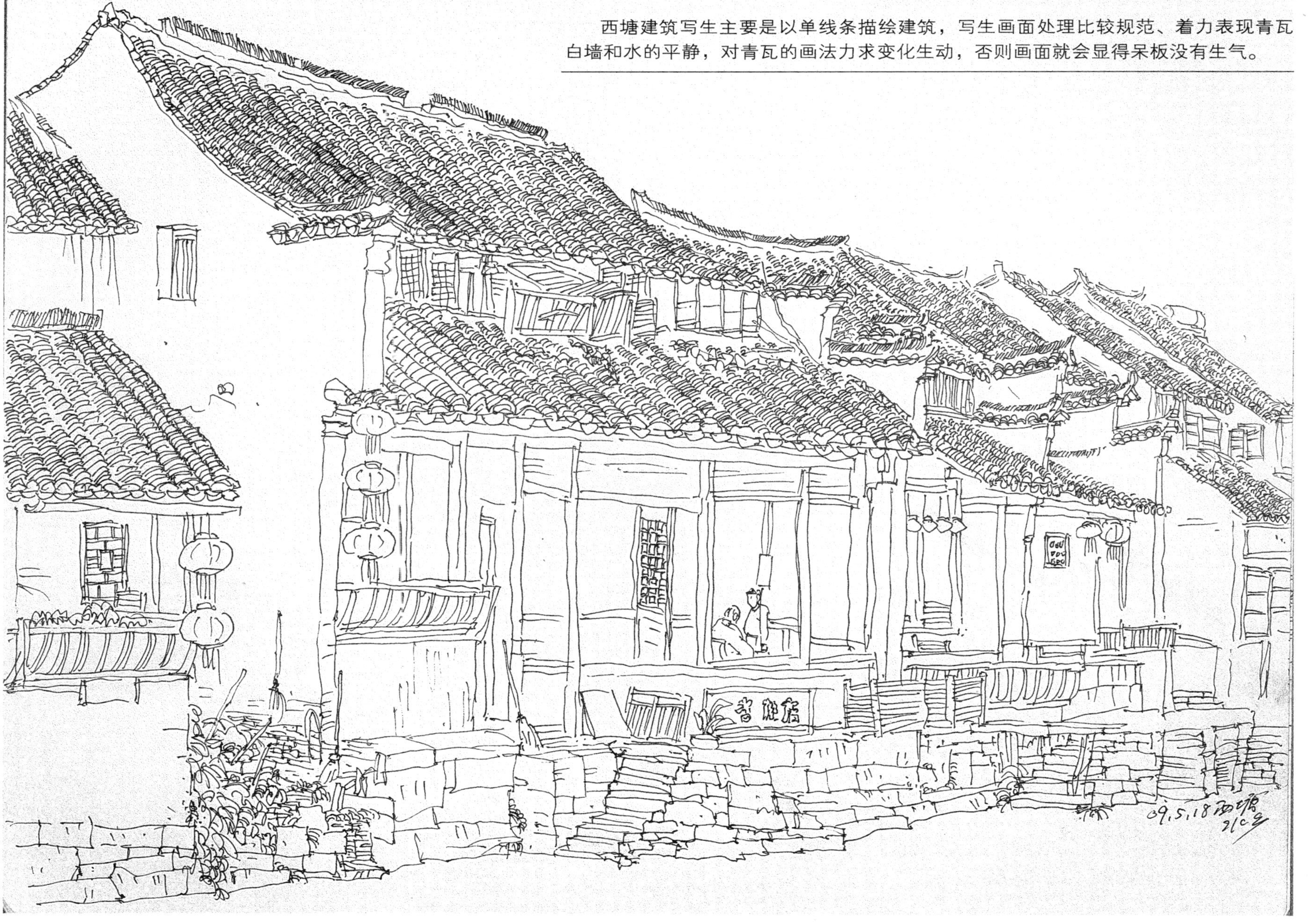

厚重的石桥，整齐的砖墙、木制的吊角楼，还有水波的流淌，都要用线描的方法来表现，使这些自然物体充满生机和活力。

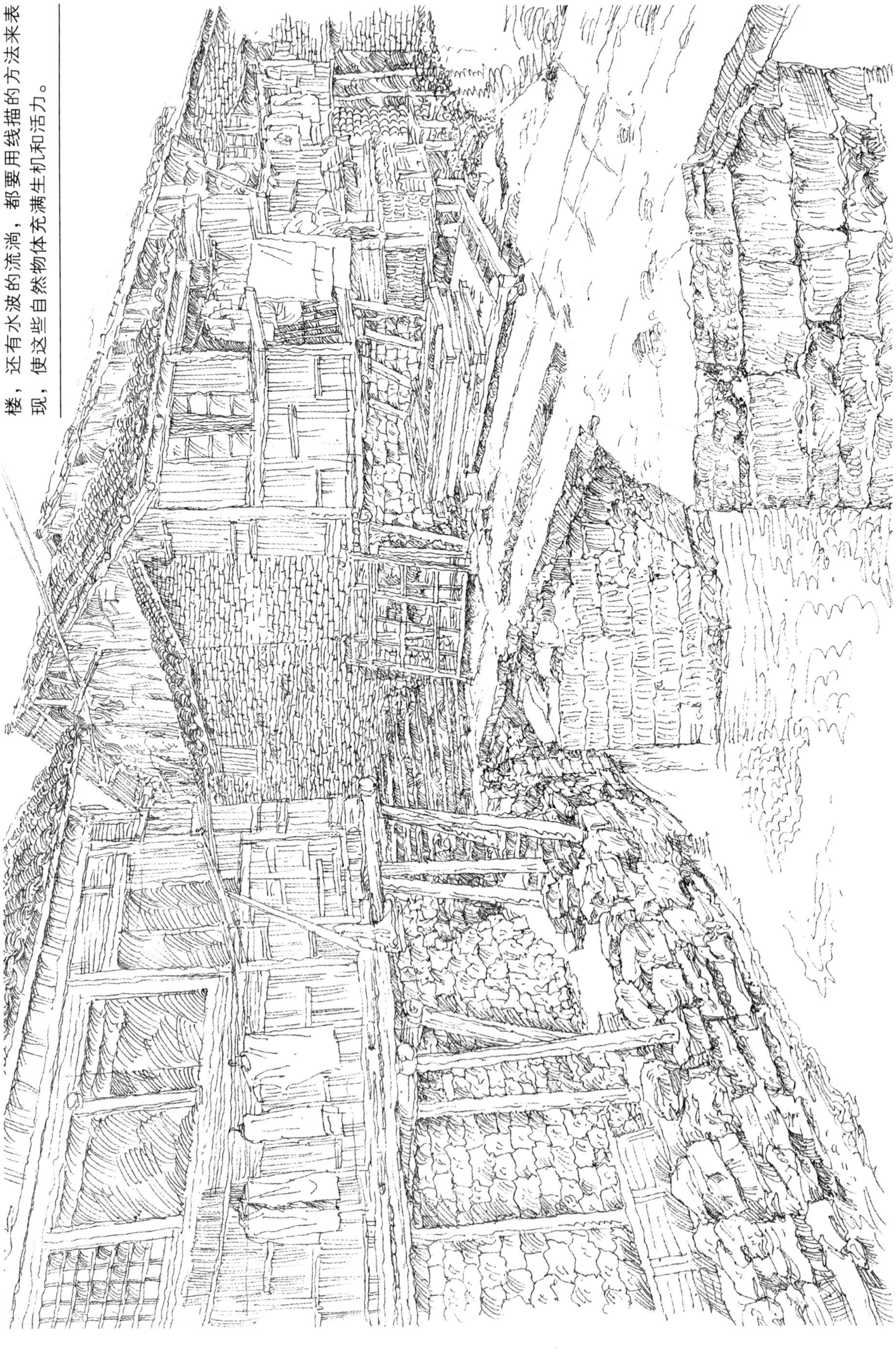

景物较复杂，在写生前要做到心中有数，布局考虑周全。这是站在一个仰视的角度，从下往上看，很细致地表现了吊角楼、石阶梯和草丛的变化和整体性。

这是一幅在屏山给学生示范的作品，历时一个小时，学生在写生过程中不知道溪边草丛的画法和民居建筑的联系，主要示范草丛的概括画法和疏密关系的处理。

在写生中特别注意对爬墙植物的整体性把握，对民居建筑与爬墙植物的处理，和留空白、疏密的线条变化与穿插。

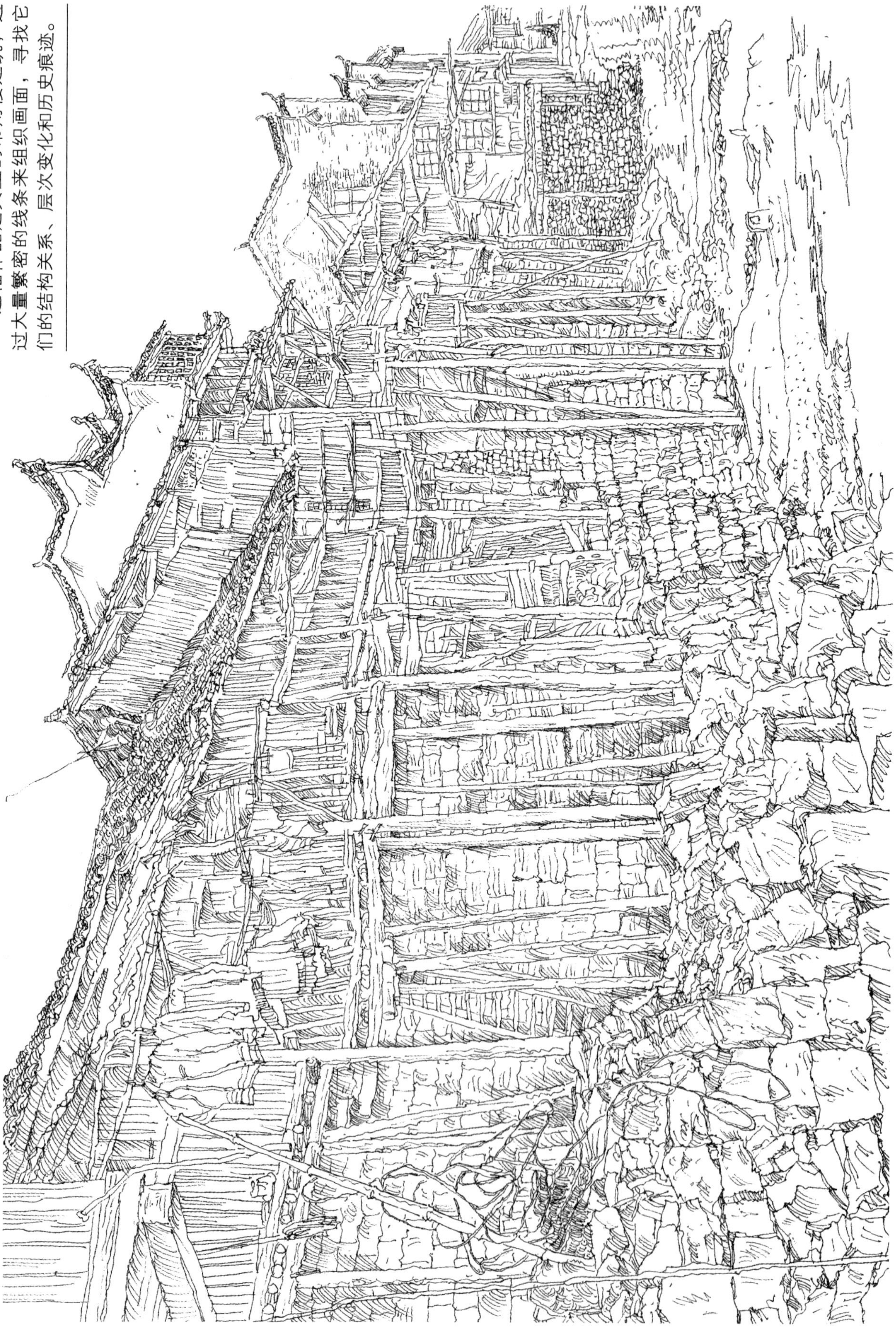

这幅作品是典型的吊角楼建筑，通过大量繁密的线条来组织画面，寻找它们的结构关系、层次变化和历史痕迹。

这是宏村汪家祠堂边的大水塘。绘画大家比较熟悉的景点时，注意刻画民居建筑的破旧墙体，可用线描画法技法表现。

画的是一处破旧祠堂建筑，其房梁结构具有传统建筑特色，通过线条的层次变化使画面建筑结构明确，再加强明暗线条突出主体。

运用石板路阶梯的延伸，拉开画面的空间层次关系，房屋建筑紧密，大有密不透风的感觉，通过这条石径延伸，缓解了这种压抑情绪。

古城墙和各类植物的关系是这幅画面中所表现的主体，着重和细致分析各种植物的形状以及具体的画法，画面层次分明，细而不乱，显得很轻松。

画面中采用了两种线描画法，树叶的线描运用曲线，木楼的画法运用了直线，这两种线描画法拉开了空间距离，使画面整体细致生动。

画面主要位置突出了植物的线描效果，背景用墙体和阁楼作陪衬，前后关系突出，摆放在庭院的两个筛子活跃了画面，同时也拉开了空间。

屏山民居建筑的门楼一角，靠墙堆放着石块、石磨、坛子、凉晒衣服的竹竿，这种常见的场景具有很朴素有生活气息。

带学生去屏山画的第一幅写生，画得比较拘束、线条有些放不开，只是运用了线条的疏密手法，拉开了层次和距离。

通过加强线条的明暗层次以突出石块阶梯的交错变化，运用直线条的凝重表现老屋的陈旧，画面运用线条的魅力表现出了岁月的痕迹。

旧石拱门中透出老街的深远和凝重，石块的磨励呈现出年代的久远。我在画的过程中，尽量使线条沉下去，以表达出对过去的回忆和留念。

要把规范的徽派建筑、复杂的树木和细微的荷塘景色这些元素统一起来是有难度的，还好，最终还是把它画完了。

在屏山写生时住所处的菜园子一角，绘画时花了很长时间表现各类植物线条穿插的感觉，不断地研究线条的用笔、穿插、疏密，尽了最大的可能体现线条的绘画效果。

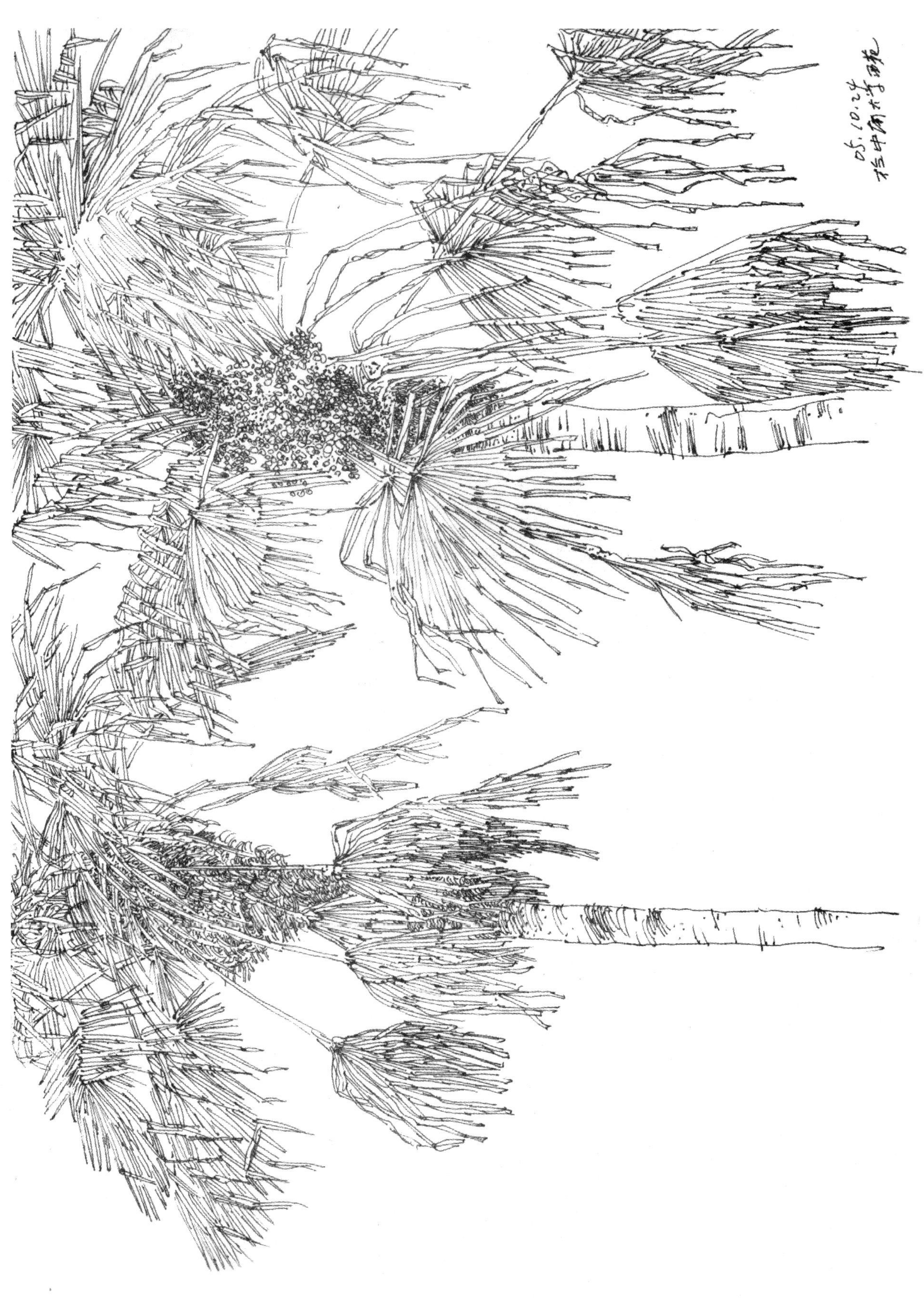

通过点、线、面的结合把棕榈树的形态、结构完美地画出来了。

画面构图比较常见，其他部分都较简单，主要细节部分放在墙角部分的阴影，可以注意到有圆形石头、方形石块、长形砖块和阴影的线条，细节的表现是画中的主体部分。

南长城的石兵营是过去战事中士兵居住的地方，长形条状石块砌成的坚实石头房，在画法上用短的直线条，整体效果显得大气古朴。

居住院子里的灌木丛，雨后清新有生气，我萌发了想把它画下来的想法，也想尝试中性笔线条的细密程度所达到的极限，是对线描写生工具的实验研究。

原始的木头、古朴的石块、磨损的木窗和侵蚀的残墙，从建筑材料就能感受到年代的久远，线描写生画出了这种景象。

徽派建筑与自然景色的融合，有着“小桥流水人家”的田园诗画般的意境，画中灌木丛与其他景物的结合，主次分明、自然生动，溪水用直线条表现显得宁静。

山坡上的吊角楼建筑，这幅写生山石草木的组织是难点，要画得轻松、有层次、有主次、有细节，就要观察自然界各种物体的基本形态，只有把握好才能把它画好。

画面中对于近处的大树和远处的大树是两种不同的处理方法，民居建筑的透视也是在画的过程中需要掌握好的。草木的层次不能乱而无章，石头砌成的屋基和丛生的植物的关联都是画面要重点关注的地方。

山顶上的吊角楼的透视关系是这幅写生作品中首先要处理好的。竹木、棕榈树、山石、灌木丛也都是要注意到的，近处的山石画得流畅奔放，植物形态准确到位，画面轻松自然。

画的是传统木结构建筑的顶部结构，画面中的一盆山兰花为画面构图增添了活力，画面结构层次分明，用笔也比较严谨。

画面表现主要通过瓦片的大小，拉开了房屋的前后空间关系。画这些瓦片是很费时的，同时还要注意表现民居的前后关系，在构图的处理上要有变化，要根据需要来安排画面。

运用线条的变化来表现青瓦的层次关系，变化是微妙的。

山西晋城窑洞写生。此幅作品并没有着重刻画窑洞，而是把重点放在院落旁的一些静物，如被打翻的篮子和水果。

山西晋城窑洞写生。这张画是我比较喜欢的一张作品，画面刻画深入，线条流畅，老房子的墙壁流露出历史的沧桑感。

伊犁老城中的清真寺。着重刻画大门入口及旁边对称摆放的鸡冠花，木门半开，清真寺内部的景象若隐若现，揭示着空间中心的存在。

伊犁老城街头民居细部写生。伊犁的民居风格受俄罗斯建筑风格的影响，多为二层楼房，一楼为商铺，二楼居家。建筑的各处装饰都带有南俄风格。

古城平遥民居院落写生。本幅作品构图饱满，视觉中心为大门及前面的植物。

平遥古城民居屋顶局部，四角攒尖，雕梁画栋，气势非凡，细部具有浓郁民族风格。

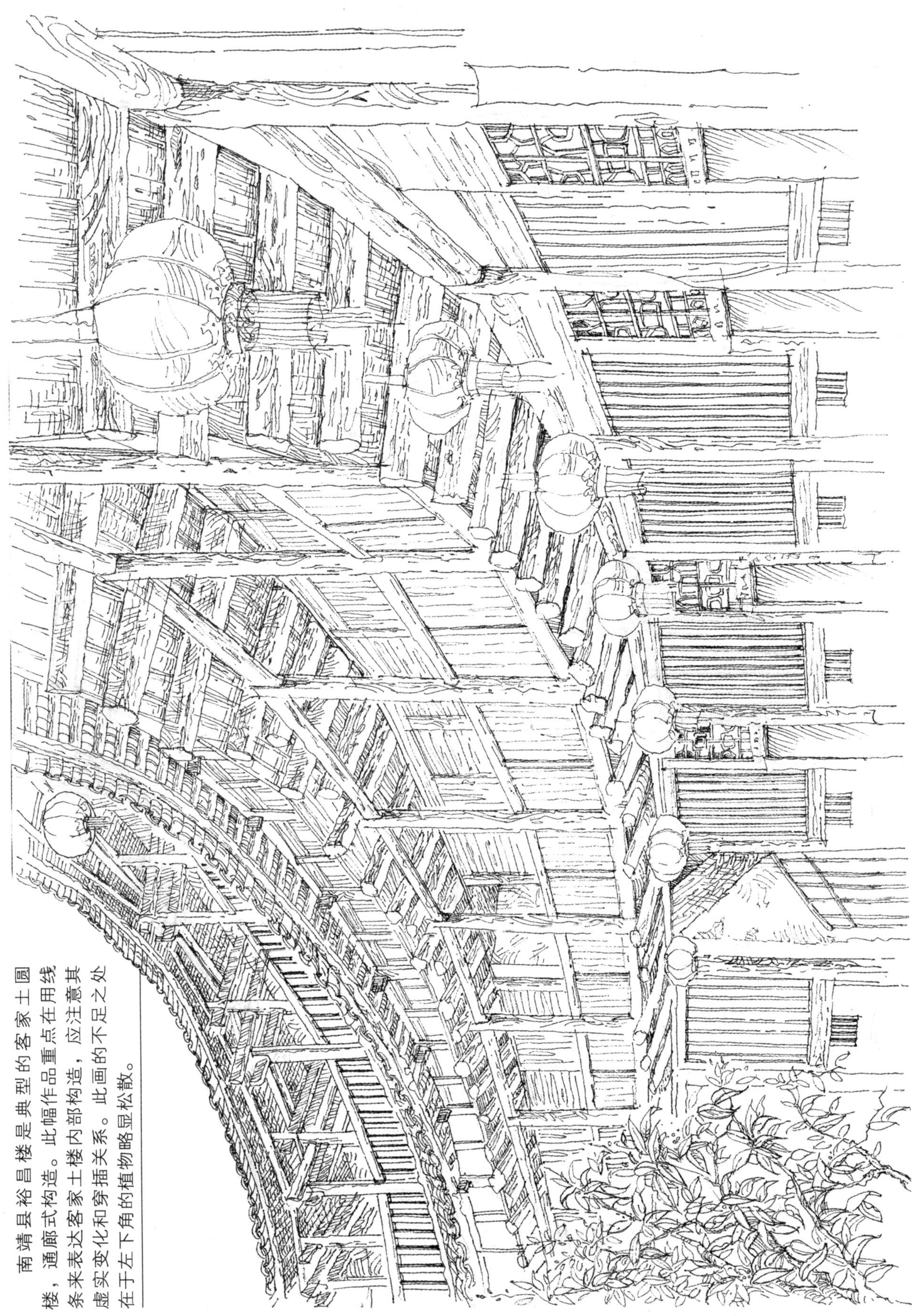

南靖县裕昌楼是典型的客家土圆楼，通廊式构造。此幅作品重点在用线条来表达客家土楼内部构造，应注意其虚实变化和穿插关系。此画的不足之处在于左下角的植物略显松散。

永定县振成楼内景写生。此画的构图有形式感，用线条表达内部木结构的穿插关系和前后关系，运笔轻松自然。

永定县振成楼内景写生。画面除土楼内部的木结构与墙体外，还着力描绘了前端摆放着的一些农家用品，具有浓郁的生活气息。

山西晋城民居写生。此幅作品用时相对较短，整个状态很轻松，线条流畅。不足处是对于植物细节刻画的手法较单一，欠深入。

画面表现的是西藏林芝地区民居。木构架的房屋，屋顶是传统的木瓦，为防风用石头压住。

山西晋城窑洞写生。画面表现了深秋的窑洞，干枯的树干和斑驳的窑壁，重点放在画面下半部分窑洞的细节刻画，通过线条的疏密来表现空间的层次关系。

画面表现的是拉萨近郊民宅，藏民很重视大门的装饰，除了彩绘以外，还在门楣上方设小龛，两边是藏式的垂花门。画面上方的花卉盆栽和画面右下角的军用靴透出生活气息。

画面是桑堆石房写生。在表现稻城桑堆一带的民居石砌的墙体时，线条和比例按藏式民居的营造规则处理，整体画面构图完整，用笔流畅。

平遥古城写生，运用灵活的线条将古城的风韵表现得恰到好处。

凤凰古城沱江边吊脚楼写生，房屋与水面相互映衬，传达出古城吊脚楼的特有风情。

韩城党家村民居写生。从屋顶鸟瞰，着重突出中间的建筑。

桑堆石房写生，构图完整。

安徽屏山写生，通过树干、柴捆、墙、房屋将画面分割为多个层次，使画面层次感更强。

画面突出西北民居室内特征，主体明确，陪衬物主次分明，添加的一些花草使画面富有生气。

胡乾

画面表现了描绘对象的透视、空间及梁柱的榫合关系，巧妙地通过线条的穿插将一个简单的场景表达得丰富而有趣味。

画者对民居建筑的局部进行了描绘，在把握大的形体结构基础上更加注重细部的刻画，具有较强的装饰性。

画者将中景画得较密实，而近景远景则比较疏松，较好地表达出层次与虚实，梯田层层叠叠一直延伸到远处，让画面具有较强的纵深感。

画面通过线与线之间的穿插，将树干、柴捆、墙、房屋分割为清晰的多个层次，前景的石头与木材和民居墙体的肌理效果形成对比，从而让层次更加鲜明。

这是一个细节丰富和耐人寻味的古民居，构图十分简约，用极为简洁的线条就完成了整个场景的表现。

画者把墙体的复杂肌理舍掉，使画面更加明朗清晰，同时富有对比变化。这幅画表现了风景画中房屋与树的画法，画出了特有的疏密变化。

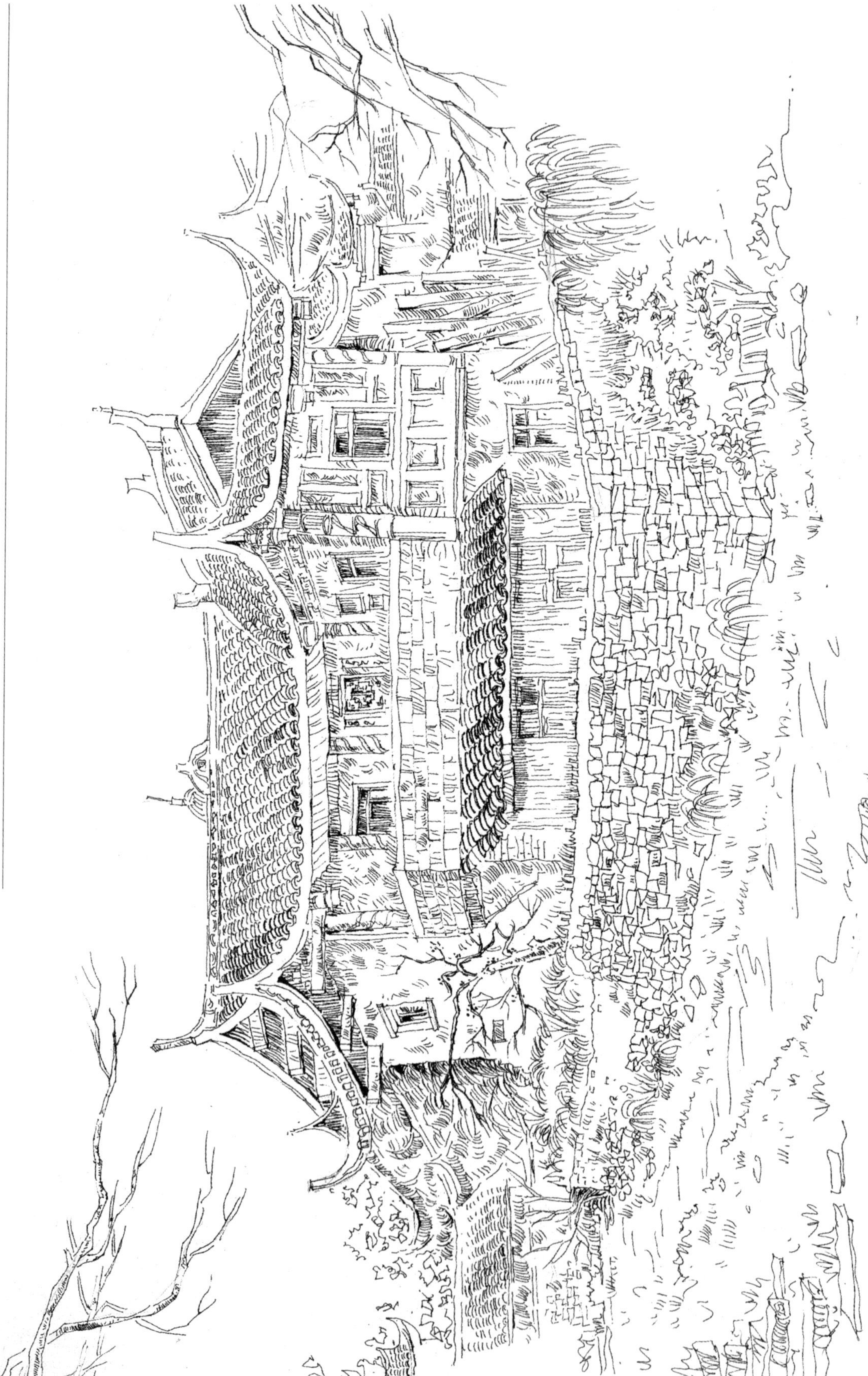

画者在构图上有意识地采用了“S”形的构图，打破了原有风景中直线构图的缺点，让整个画面更有趣味，同时也通过不同对象肌理效果的变化使整个画面层次更丰富。

画者采用了丰富多样的线条来表达场景中的特有氛围，所有树的生长都延伸到了民居，使画面主体更加突出，整体效果更强。

画面将远山、树木、房屋、水车较好地结合起来，运用丰富的线条恰当地表达出对象特征，营造出特有的民居风采。

画者有意识地将两边的民居处理成不同的疏密关系，以区别层次、加强节奏感，画面中活动的人群营造出生活氛围，让画面更有趣味性。

为了加强对比，画者有意识地将风景中的各种元素进行艺术处理，形成多种有趣味的造型与层次关系。

画面前景中相互交织的竹竿藤蔓和中景大面积留白的民居墙体与点状树叶等轮廓形成很好的对比关系，整幅画面靠线与点的大小疏密拉开视觉空间距离。

画面在参考实景的基础上改动较大，房屋、树的位置与大小都做了新的编排，其目的是让主体更加鲜明，层次更加丰富。

丰富的线条将不规则的农家小屋、斑驳的石板路和茂密的树林所传达的宁静与朴实的感觉体现出来。

画面层次丰富，密线浓重结实，疏线明快清明，最大限度挖掘出画面的表现力与美感。

画面景物朴实，简洁而又充满韵味，将原本在画面中间的大树移到了画面的右边，树干的留白与房屋的复杂结构形成鲜明的对比。

流畅的线条表达出该民居的特有韵味，不同的线条组合加强了对象的肌理效果，使特征更加鲜明。

萝卜寨被誉为世界上最大最完好的黄土羌寨，在岷江南岸高山台地上，远远就看到密密麻麻、层层叠叠的黄土民居铺满整个山脊，蔚为壮观。山寨呈"八卦"式布局。在仅容两人通过的幽深巷道两边是几乎千篇一律的二层或三层的房屋，家家房顶通，户户暗道连，不借助外力，根本无法在短时间内走出。

石造民居营造时用泥土做粘合，其墙体往往厚达一米以上，墙体开很小的窗，有的窗外小内大，如同一个“斗”，故称为“斗窗”，方便在战时向外射击时能获得更大的角度。

黄泥夯筑建筑保持了原始的木骨泥墙的方式，第一层夯筑用石基做勒脚，其上再用细筛过的生土层层夯筑到顶。这样的建筑整体性非常好，在一些村寨，震后的黄土民居完好无损，甚至没有一丝裂缝。

羌寨中的碉楼民居集居住、防守、躲避、逃逸、保暖和贮藏之功能于一体。碉房都是用石块、石片以粘性极强的泥浆制的胶泥粘合砌筑而成，一般人家住宅建筑为五层楼，一层为畜厩，二层为居室、客厅和厨房，三层贮存肉食，四层堆放粮食和杂物，五层为白石神祭坛，屋顶为晾晒粮食的地方，战时也可做了望塔。碉房梯形向上收拢，形成了厚重大方的建筑风格。

羌族被称为云朵上的民族，大多生活在四川北部险峻的河谷之中。当地气候寒冷而干旱，但勇敢勤劳的羌人“依山居止”，用黄土和碎石营造各种建筑和聚落，其建筑往往和周围环境融为一体、和谐共生。羌人使用了最原始的工艺，羌族建筑文化堪称“建筑活化石”。

这是汶川县雁门乡月里村的一户普通院落，羌人将收割的玉米秸和其他一切可以收集的柴草贮备过冬。院子里堆不下了，就堆到房顶上。这些柴草烧起的烟熏得人睁不开眼睛，黄土夯筑的厨房墙壁被熏得油亮油亮。

理县的桃坪寨的格局错综复杂，从幽暗巷道顶部横跨而过的过街楼既可通行也可埋伏。其地下人工水网错综复杂，战时只要封堵水闸族人就可以躲入地下，构筑立体防御体系。

这是岳王亭附近的一处普通民居，画具是一支中性笔，一张打印纸。工具虽然简单，但只要善于发现，我们身边就永远不乏美的题材。

益阳市老城区，许多建筑保存着解放前后的风貌。这里的年轻人大多外出打工，带走了他们的孩子和这里所有的生气，留守的老人们像泥塑一样坐在幽暗的巷道中，如同这片城区一样等待着。

老长沙那高高的门墙，幽暗的里弄，还有热情直率的长沙人，时常浮现在我的梦境。也许不久的将来，可能只有通过画笔才能帮助我们回忆那样宁静安详的儿时生活。